减糖饮食

持续瘦身不反弹

孙晶丹　主编

U0200970

SPM 南方出版传媒

广东科技出版社 | 全国优秀出版社

·广州·

图书在版编目（CIP）数据

减糖饮食：持续瘦身不反弹 / 孙晶丹主编. — 广州：广东科技出版社，2018.2（2018.11重印）
ISBN 978-7-5359-6842-5

Ⅰ.①减… Ⅱ.①孙… Ⅲ.①减肥—食谱 Ⅳ.①TS972.161

中国版本图书馆CIP数据核字(2017)第331324号

减糖饮食：持续瘦身不反弹
Jiantang Yinshi：Chixu Shoushen Bufantan

责任编辑：曾永琳　温　微
封面设计：深圳市金版文化发展股份有限公司
责任校对：冯思婧
责任印制：吴华莲
出版发行：广东科技出版社
　　　　　（广州市环市东路水荫路11号　邮政编码：510075）
http://www.gdstp.com.cn
E-mail：gdkjyxb@gdstp.com.cn（营销中心）
E-mail：gdkjzbb@gdstp.com.cn（编务室）
经　　销：广东新华发行集团股份有限公司
印　　刷：深圳市雅佳图印刷有限公司
　　　　　（深圳市龙岗区坂田大发路29号C栋1楼　邮政编码：518000）
规　　格：723mm×1 020mm　1/16　印张12　字数200千
版　　次：2018年2月第1版
　　　　　2018年11月第3次印刷
定　　价：38.80元

如发现因印装质量问题影响阅读，请与承印厂联系调换。

目录 Contents

1 PART 给家常菜"减糖"，让你吃饱又吃瘦

2 PART 含糖量小于5克，最常吃的减糖家常菜

3 PART 不饿肚！用肉蛋类制作的减糖菜

PART 4 沙拉和腌菜，提前做好随时享美味

PART 5 汤品和炖煮菜，滋养身体不长胖

PART 6 减糖甜点，让甜蜜零负担

给家常菜"减糖"，
让你吃饱又吃瘦

你曾想过每天大鱼大肉、三餐吃饱，依然能越吃越瘦吗？其实很简单，只需把身体调整到优先燃烧脂肪的代谢状态，你就可以变成怎么吃都不胖的人。让减糖饮食帮你轻松实现这个目标。

减糖饮食：
建立瘦身的良性循环

减糖不仅有助于身体健康，而且也是快速瘦身的秘诀。但是，大多数人的饮食仍以精致淀粉以及含糖量较高的食物为主，因此身体无法开启瘦身的开关，使减肥变得相当困难。

减糖饮食三大优点——不饿肚、不反弹、易坚持

要弄明白什么是减糖饮食，首先要知道糖类到底是什么。所谓的糖类，不仅仅指白糖，还包括碳水化合物减去膳食纤维后剩下的部分，而在碳水化合物中，膳食纤维的含量非常少，因此可以认为，碳水化合物几乎全都是糖类构成的。我们日常的主食，如米饭、面条、面包，以及根茎类蔬菜，如土豆、红薯、山药、胡萝卜，这些食物都含有大量的碳水化合物。

不同于一般的减肥法则主张控制油脂及总热量，减糖饮食的关键是控制碳水化合物的摄取。对于长期大量摄入碳水化合物的人来说，实行减糖饮食后减肥效果会特别明显。

迅速瘦身是减糖饮食的一大特征。由于限制了碳水化合物的摄入量，因此也无需计较

○ 含糖量多的食物

总热量的多少。蛋白质作为身体必需的营养素，应该积极摄取，它并非瘦身的敌人，所以一般被认为减肥大忌的肉类是可以放心食用的。除此之外，酒类中也有很多含糖量低的。如此一来，进行减糖饮食既不用忍饥挨饿，又不用刻意选择口感寡淡的食材，想要坚持下去非常容易，并且不易反弹。

对于某些嗜糖如命的人，一开始进行减糖饮食可能会比较痛苦，但当身体适应一段时间之后，会发现自己不仅更瘦、更美，而且更健康，不知不觉养成了易瘦的体质。

在减糖饮食初期，务必积极做功课，弄清楚各种食物的含糖量多少，慢慢调试出适合自己的低糖菜谱。

习惯减糖饮食，让身体习惯燃烧脂肪

为什么摄取过量的糖类容易发胖呢？人体有三大营养物质——糖类、蛋白质、脂肪，由于糖类最容易被身体所利用，因此人体摄取了糖类之后，身体会优先将其转化为能量来利用，等糖类消化完之后，才开始消耗体内的脂肪。也就是说，过多地摄入糖类物质，会使身体几乎没有机会消耗脂肪，多余的脂肪就会一直以"肥肉"的形式储存在身体里。另外，人体摄入糖类之后，身体会分泌胰岛素来降低血糖，而胰岛素会刺激人想吃更多的糖，因此陷入恶性循环，不知不觉吃进越来越多的糖类，造成肥胖。

明白了以上原理，就很容易理解减糖饮食的诀窍，就是少吃含糖量高的食物。蛋白质和脂肪不会导致血糖升高，可以正常摄取。通过少吃糖类，多摄取蛋白质、脂肪、维生素等营养素，身体就会逐渐适应先消化脂肪，从而达到瘦身的目的。脂肪分解后产生的酮体也会被身体用作能量来源，加速脂肪的燃烧。身体一旦建立起这种良性循环，自然就容易瘦下来。

○减糖瘦身的良性循环

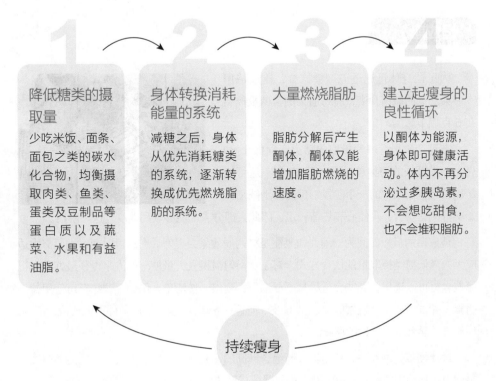

1 降低糖类的摄取量
少吃米饭、面条、面包之类的碳水化合物，均衡摄取肉类、鱼类、蛋类及豆制品等蛋白质以及蔬菜、水果和有益油脂。

2 身体转换消耗能量的系统
减糖之后，身体从优先消耗糖类的系统，逐渐转换成优先燃烧脂肪的系统。

3 大量燃烧脂肪
脂肪分解后产生酮体，酮体又能增加脂肪燃烧的速度。

4 建立起瘦身的良性循环
以酮体为能源，身体即可健康活动。体内不再分泌过多胰岛素，不会想吃甜食，也不会堆积脂肪。

持续瘦身

减糖饮食的三个阶段，打开身体的快瘦开关

减糖饮食会使身体摄入的糖分大大减少，因此需要给身体一个逐渐适应的过程，最后使身体习惯这种饮食结构，达到新的平衡状态。我们可以大致上把减糖饮食分为适应期、减量期、维持期三个阶段。

1

适应期

每餐饭含糖量＜20克（每天摄入总糖量＜60克）

2

减量期

每餐饭含糖量＝20克（每天摄入总糖量＝60克）

3

维持期

20克＜每餐饭含糖量＜40克（或60克＜每天摄入总糖量＜120克）

适应期

为了让身体迅速适应减糖饮食，建议采用本书第二章的减糖食谱，将每道菜的含糖量控制在5克以下。

在这个阶段，每餐摄取的糖类必须低于20克，一天摄入的糖类总量不多于60克。这可能是比较具有挑战性的一个阶段，但是由于刚刚开始实行减糖饮食，自信心和热情较足，因此大部分人都能够顺利地度过这一阶段。

适应期的最短时间为一周，如果能坚持两周效果会更好。在这段时间，需要努力适应大幅降低糖类摄取量的饮食方式，对于之前习惯摄入大量糖分的人来说，最好先熟记哪些食材可以选用，哪些食材尽量不要选用，列出一份清单。例如，调味料可使用盐、胡椒、酱油、味噌、沙拉酱、八角、桂皮、茴香、香草、柠檬等，避免使用番茄酱、豆酱、淀粉等，学会享用食材的原味。

适应期唯一的秘诀，就是彻底断绝含糖高的饮食，不要犹豫不决。万一出现空腹、焦虑、头痛等不适症状，可以补充椰奶或椰子油来缓和。

减量期

本期建议采用本书第三章中含有肉类、鱼类、蛋类、豆制品的食谱，第四章的蔬菜食谱以及第五章的汤品和炖菜，享受多变的减糖饮食，增加坚持的动力。

经过一周至两周的适应期，便可进入减量期，每餐摄取的糖类可比适应期稍多，但也不能高于 20 克。

减量期持续的时间每个人不等，需要持续进行，达到目标体重为止。但一般而言，一旦达到与身高匹配的标准体重，体重就很难再大幅下降，继续减肥还有可能损害健康，因此务必科学设定目标体重。这一时期由于摄入了足够量的蛋白质，因此在减重的过程中也能维持健康和美丽。

为了能够长期执行减量期的饮食，可稍微吃些鲜奶油、无糖酸奶，根茎蔬菜也可偶尔食用，每餐摄入的总糖量不超过 20 克即可。途中如果感到难以坚持或者体重出现暂时的波动，请不要影响心情，持之以恒才是成功的关键。

快速估算 20 克含糖量

○米饭 1 两（50 克）＝约 1/3 碗饭
○法棍面包 37 克＝约 4 厘米厚的一片
○煮熟的挂面 80 克＝约 30 克干面
○煮熟的意大利面 75 克＝约 30 克干面
○煮熟的乌龙面 100 克＝约 35 克干面
○煮熟的荞麦面 80 克＝约 40 克干面
○一个中等大小的土豆

维持期

除了减量期可以选择的食谱，还可以适量选择第六章中的甜点，并可少量摄取胡萝卜等含糖量高但营养丰富的食材，持续执行轻松的减糖饮食。

一旦达到目标体重，就可以进入维持期了。在这个阶段，可以稍微吃一点前两个阶段中完全不能碰的食材和菜品，但是也要时刻提防反弹，建议慢慢地增加糖类的摄取量，避免一次吃太多。

有些含糖量高的食物，如意大利面、披萨等，很容易一不小心就吃太多，这有可能导致减糖饮食前功尽弃，因此要时刻保持清醒，按照先前的习惯，先计算好分量再食用，切不可凭借感觉来决定每种食物的摄取量。

小贴士

ⓐ 在适应期最好刻意多摄取蛋白质，彻底摆脱对于糖分的依赖。

ⓑ 米饭、面条等主食的含糖量都很高，要习惯只摄入正常分量的三分之一。

ⓒ 喜欢吃甜食的人也可以大胆尝试减糖饮食，因为身体一旦习惯了减糖饮食法，就不会像以前一样有特别想吃甜食的欲望，人也会感觉越来也清爽。

让减糖饮食100%
成功的四个心法

做任何事情，首先要树立正确的观念，这样才容易成功，减糖饮食也不例外。作为不同于传统减肥观念的新式减肥法，减糖饮食打破了人们对于脂肪的恐惧，并要求将每一餐的糖分摄取进行量化。时刻牢记以下四个心法，将对你大有帮助。

心法1：记住万事开头难，度过最艰难的前两周

对于习惯了三餐必有碳水化合物类主食的中国人来说，减糖饮食是一种全新的饮食方式。在最初的两星期务必拿出意志力，严格按计划执行减糖饮食，直至身体逐渐适应。如果不够坚决，慢慢地降低糖分摄入量，就好比一边踩油门、一边踩刹车，不仅无法达到效果，也会让身体更加难受，在心理上也无法戒除对主食的依赖。

心法2：接受"高蛋白"和"高脂肪"的饮食新观念

根据减糖饮食的理论，在日常饮食中需要避开的只有糖分，而富含蛋白质的肉类、鱼类、海鲜、蛋类、奶制品等，以及富含良性油脂的坚果类，则可以足量摄取，这样就可保证身体所需的能量和营养成分，在整个减肥期间也不会感到饥饿难耐。必须刻意限制食量，这也是减糖饮食的一大优势。因此，在开始减糖饮食之前，务必接受"能吃肉、不能吃糖"这一全新的饮食观念，切勿与其他的减肥饮食理论相混淆。

心法 3：减少外出就餐，将每一餐的含糖量掌控在自己手中

减糖饮食需要持之以恒，一旦将糖分的摄入量降下来，就不能三天两头超标，如果经常在外就餐，就很难保证减糖饮食的顺利进行。有心瘦下来，需养成自己做饭的习惯，自己做饭便于灵活掌握材料、调味料、分量，每餐吃了多少糖心里清清楚楚。对于时间紧迫，很难每天下厨的人，可以按照本书的建议一次做好数天分量的菜品，放入冰箱冷藏，同样能逐渐养成减糖的饮食习惯。

心法 4：养成饮食习惯，不被暂时的体重影响心情

如果严格执行减糖饮食，通常在短时间内便可以迅速地减轻体重，实现瘦身。但是仍然有两个需要注意的问题：第一，减糖饮食追求的是健康瘦身，一旦体重下降到标准体重，就很难继续下降了，出于健康考虑，不建议将体重减至标准体重以下；第二，在减量期，可能会由于控制不住对糖分的渴望，而导致体重出现波动，此时千万不要灰心丧气，只要把减糖饮食当做一种长期而固定的饮食习惯，瘦身就是早晚的事，而且一般都不会反弹。

食材大搜索！
减糖期间，你可以吃什么？

由于减糖饮食的唯一标准是含糖量，因此有些一直被公认的减肥食物，其实并不适用于减糖饮食法。相反，奶油、沙拉酱这类令减肥者谈之色变的食物，含糖量其实并不高，需要注意的是，有些蔬菜的含糖量也很高，需谨慎选择。

能吃的食物

○猪肉、牛肉、羊肉、鸡肉、鸭肉等

○肉类加工品，如火腿、香肠、培根等

○所有鱼类和海鲜

○蛋类

○豆类及豆制品，如豆腐、豆皮、腐竹、豆干、无糖豆浆、纳豆等

○天然奶油，优质好油

○非根茎类蔬菜

○菌菇类

○魔芋制品

○海带、海藻

○奶酪

○坚果类

不能吃的食物

○米饭、面条、意大利面、面包、麦片、饺子皮等

○零食，尤其是甜点

○含有小麦粉的加工食品，如咖喱块

○干果，如葡萄干、蔓越莓干、杏干等

○市售蔬果汁，添加人工甜味剂的饮料

蔬菜、水果、调味料、酒类，都需谨慎选择

【 蔬菜、 水果 】

叶菜类的蔬菜都可以放心选择，但是根茎类蔬菜碳水化合物含量很高，如各种薯类、南瓜、胡萝卜、玉米等，在适应期和减量期最好不吃，维持期可少量食用。在水果中，牛油果和柠檬的含糖量较低。此外要弄清楚，水果的含糖量并非由口感决定，例如山楂、火龙果的含糖量就远远高于西瓜。

【 调味料 】

调味料是容易被忽视的"含糖大户"，如果不注意调味料的选择，很容易使减糖饮食的效果大打折扣。一般来说，尽量使用盐、花椒、胡椒、酱油、油类等简单的调味料，如果喜欢浓郁的口味，可再添加一些香草或香料。绝对不可使用砂糖，此外，番茄酱、甜面酱、甜味酱料、烤肉酱等各类酱料的含糖量也很高，最好不用。

【 酒类 】

减糖饮食不必戒酒，但是也并非所有酒类都可以饮用，还需仔细区分。蒸馏酒类，如白酒、威士忌、伏特加等以及无糖的发泡酒，红酒都可以少量饮用。但啤酒、黄酒等酿造酒，梅子酒等水果酒以及甜味鸡尾酒则不宜饮用。

使用替代调味品，减糖美味不打折

○ 白糖换成罗汉果代糖、甜菊糖

○ 番茄酱换成纯番茄汁或番茄糊

○ 甜面酱换成减糖甜面酱

○ 料酒换成红酒或者蒸馏酒

○ 小麦粉换成黄豆粉、大豆粉、豆渣、米糠

○ 水淀粉换成含较多黏液的食材，如秋葵等

自己做饭，
才能严格执行减糖饮食

减糖饮食要求我们将每餐饭的含糖量都计算出来，很多人会怕麻烦而中途放弃，因为能吃的食物有限，每餐都要慎选食物。针对这种情况，不妨事先准备四至五天分量的菜品，这样每周只需要做一到两次饭，就能轻松减糖。

好处1：很晚下班回家，也能遵守减糖饮食

对于很多上班族来说，虽然有心执行减糖饮食，但是晚上下班回家已经很晚了，根本没有时间和精力开火做饭，这时很容易随便吃一些外卖食物，不知不觉就摄入了过量的糖分，并且因此很有挫败感。如果冰箱里有之前做好的减糖常备菜，就完全不用担心了。将事先做好的减糖菜从冰箱里拿出来，装好盘，再用微波炉热一下，就可以享用一顿美味的减糖饮食了！

好处2：早上不花时间，只需把做好的菜放进便当盒就好

一旦开始执行减糖饮食，每天的午餐就需要自己准备了，而不要吃外卖或者超市的现成食品。其实，制作减糖便当比制作普通便当容易得多，即使是平时没有每天做饭习惯的人也能轻松搞定。因为一次就做好几天的分量，并不需要每天开火，而且可以一次做好5~6种不同的菜品，每天早上搭配着将2~3种菜放进便当盒，就可以出门。

好处 3：冰箱常备自制减糖零食，不会因为嘴馋而破戒

肚子饿了又没到饭点，大部分人都会下意识地找些零食来吃，而选择的零食往往是市售的甜点、面包、炸鸡、薯条等高糖食品，此时不如从冰箱里取出事先做好的沙拉、卤鹌鹑蛋、减糖甜点等零食，既能满足口腹之欲，又不用担心破戒。自己做的零食不含添加剂，吃起来也更安心。

好处 4：想喝点小酒时，随时取出减糖下酒菜

在执行减糖饮食期间，也能适量饮些白酒、红酒、威士忌等酒类，配上事先做好的减糖常备下酒菜，便能享受小酌的乐趣。减糖料理不同于一般的减肥餐，会巧妙地搭配肉类、鱼类、海鲜、香料，特别适合用来当下酒菜，完全不会感受到来自减肥的压力和痛苦。

好处 5：菜品灵活搭配，轻松维持营养平衡

可以抽周末空闲的时间，一次性做好几道减糖常备菜，放进冰箱冷藏保存。平时只要拿到餐桌上就有好几道菜了。另外，准备好一道纯肉类或者鱼类的菜，每次取出一部分来搭配不同的蔬菜及调味料，就可以变换出多种菜品花样，还能保证不同营养的摄入。本书也推荐了丰富的副菜菜单，以便于您随意搭配，均衡摄取蛋白质、脂肪、膳食纤维、维生素和矿物质等。

好处 6：一次做好几份，减少剩菜又省钱

开始减糖饮食之后，你会发现花在食物上的钱越来越少，这也是减糖饮食的意外好处。首先，由于几乎不会在外用餐，而改为自己买原料烹制食物，日积月累便节约了一大笔开支。其次，肉类、鱼类、蔬菜等食物，如果只做一天的分量，很容易有剩菜，而如果买的量少，在价格上又不够实惠。减糖饮食可以一次做好几餐的分量，您可以在超市选购实惠的大包装原材料，并且每餐都不会有剩菜，方便又省钱。

学会这6招，
减糖饮食一点都不难

如何才能避免不小心吃进过多的糖分？怎样才能不用花费太多时间思考和计算，轻松保证减糖饮食的营养均衡？哪些好习惯有助于长期坚持减糖饮食？学会一些小技巧，能让你的减糖饮食进行得更加顺利。

一目了然的"拼盘计量法"

采用减糖瘦身法需要注意两个问题：第一是每餐饭中的含糖量、蛋白质总量，第二是各种营养素的均衡摄取。针对第一个问题，由于减少了糖分的摄入，因此必须保证摄入足够的蛋白质以供给身体能量，一个人每天所需的蛋白质，大致可用每1千克体重摄取1.2~1.6克蛋白质来计算，也就是说，体重50千克的人，每天需要摄入60~80克蛋白质。针对第二个问题，在各种营养物质中，除了糖分改用蛋白质和脂肪代替外，其他如膳食纤维、维生素、矿物质仍需要均衡摄取，这些物质大量存在于蔬菜、海藻、菌菇类等食物中。

即使明白了以上两个问题，还是不知道该怎么吃？有一个很简单的办法，就是蛋白质和蔬菜各半的"拼盘计量法"。具体做法为：准备一个较大的盘子（直径约为26厘米），在盘子的一半区域放满蛋白质菜品，也就是大约100克的肉类、鱼类、海鲜，不想全部吃荤的人可以加入少量蛋类、豆制品；在盘子的另一半区域放满叶菜类，稍微再加上一点豆类、海藻、菌菇类。这样的一餐饭，就能同时满足以上两个条件。

看起来越丰盛，可能含糖量越低

先看看以下两份菜单，你认为哪份菜单更有助于减肥?

菜单 1	菜单 2
乌冬面 1 碗 （约 200 克）	剁椒金针菇 1 人份 ▶ P42
凉拌豆芽粉丝 1 碟（约 60 克）	金枪鱼芦笋沙拉 1 人份 ▶ P142
腌沙丁鱼 3 小条 （约 90 克）	法式虾仁浓汤 1 人份 ▶ P164
香草鱼饼 2 小块（约 30 克）	低糖炸鸡翅 1 人份 ▶ P81

第一份菜单给人的感觉是清淡并且小份，吃起来有利于消化，而且油脂也不多，是大部分人观念中减肥餐的典范。但如果仔细计算一下这些菜品的含糖量，结果也许会与你的第一感觉完全不一样，这份套餐虽然热量很低，只有 542 千卡（2269 千焦），但含糖量却高达 72.9 克!

第二份菜单可谓大鱼大肉，既有香脆诱人的炸鸡翅，又有海鲜浓汤、荤食沙拉、清口小菜，品种丰富，吃起来大快朵颐。吃得这么多、这么好，在减肥期间的你一定会很有负罪感吧? 但其实，这份套餐的含糖量只有 31.3 克，还不到第一份套餐的一半。

要想顺利地实行减糖饮食，就要彻底改变饮食观念，清淡、低脂的饮食方式并不是减糖饮食所要遵循的。放下那些想当然的负罪感，开始科学瘦身吧!

记住装便当的顺序，连角落都塞满

午餐吃自己做的便当，绝对比吃外食或超市食品的含糖量低。在准备便当时，按照下面的顺序进行：首先确定蛋白质类食物的量，即先放入肉类、鱼类、海鲜、蛋类、豆制品，并记住分量;接着放入比蛋白质分量更多的蔬菜;最后剩下一些小空隙，塞进海带丝、海藻、菌菇类。这样就完成了一个减糖便当。

对于大多数人来说，吃生蔬菜会不太

习惯，因此蔬菜可用沸水焯烫一两分钟后再放入便当。在焯烫时，往沸水中加少许食用油和盐，这样烫出的蔬菜不仅颜色和营养成分被牢牢锁住，而且略有咸味，不需要再加调味料也能食用。在便当的空隙中塞入海带、海藻等食材，不仅能有效利用空间，而且能为身体补充大量膳食纤维和矿物质，有助于营养均衡，提高了便当的营养价值。

如果打算带两个便当盒，那就更简单了。只需要在两个便当盒中分别放入蛋白质和蔬菜就完成了。添加酱料时要特别注意含糖量，可参考本书介绍的自制减糖酱料。

习惯于用坚果和海产品当点心

肚子饿或者嘴馋的时候可以吃点心吗？当然可以，只要按照减糖饮食的原则，选择含糖量低的零食就行了。最好选择下列食物：

坚果类	鱿鱼丝
不同的坚果含糖量也不一样，但每粒大多在0.1～0.3克之间，坚果的好处是营养丰富，尤其是不饱和脂肪酸含量丰富，因此即使很少的量也能提供饱腹感，同时具有延缓衰老的功效。注意不要挑选盐分高的调味坚果，最好选择没有人工调味的原味坚果。	50克的鱿鱼丝含糖量仅为0.2克，是几乎无糖并且富含蛋白质的优质零食。但是同样要注意不要摄取太多盐分，最好选择低盐鱿鱼丝。
小鱼干	烤海苔
小鱼干几乎不含糖分，一大勺小鱼干的含糖量仅为0.1克，同时富含钙质和其他矿物质。钙质有缓解压力、舒缓情绪的作用，非常适合在减肥期间作零食。	10克的烤海苔只有0.5克的含糖量，而且海苔有天然的甘甜滋味，矿物质含量也很丰富，吃起来很有嚼劲，因此食用海苔容易获得满足感。注意市售的烤海苔如果加了酱油成分，可能会使其含盐量大大增加，一次不要吃太多。

平时准备好这些低糖零食，随时带在身上对抗饥饿感，以免饥不择食地吃进各种高糖分零食，让减糖饮食前功尽弃。零食的摄入量以每天50克为宜，不要吃得太多，更不能用来代替正餐。可以准备小一些的容器，提前装好一天的分量，吃的时候细嚼慢咽更容易获得饱腹感。

补充矿物质和 B 族维生素

有些人会发现，即使自己少吃米饭、面条、面包等碳水化合物，多吃蛋白质和蔬菜，体重依然降不下来。这其实还是营养不够均衡导致的，这些人体内往往缺乏维生素和矿物质。脂肪要燃烧，需要 L- 肉碱，而这种物质在体内的代谢需要维生素和矿物质的协助。所以，即使降低了糖分的摄入量，但体内缺乏锌、铁、B 族维生素等营养物质，脂肪依然无法快速燃烧。

如何补充矿物质和 B 族维生素呢？有一个简单实用的方法是选择富含矿物质和 B 族维生素的调味料。可选用以下调味料来制作减糖饮食：

紫菜	白芝麻
紫菜的蛋白质比例高达 22%~28%，并还有丰富的维生素 A、B 族维生素，以及钙、铁、镁、碘等矿物质。	白芝麻中的钙、镁、铁、锌、磷等矿物质的含量是牛奶的 6 倍，此外膳食纤维、维生素、叶酸的含量也很丰富。
黑芝麻	**虾皮**
黑芝麻与白芝麻的营养成分类似，其外皮中还有一种叫做花色素苷的多酚类物质，具有抗老化、美容的作用。	虾皮的钙含量特别丰富，有助于加快人体的新陈代谢速度，促进脂肪的燃烧，其所含的甲壳素有帮助排毒的功效。
香菇粉	**柴鱼粉**
香菇粉很容易自制，将干香菇放入搅拌机中，用干磨功能打成粉即可，作为调料不仅能为减糖饮食增添鲜味，还能补充钙质和维生素 D，预防骨质疏松。	柴鱼粉的蛋白质含量高达 40% 以上，是一种优质蛋白，此外还富含钾、钙、镁、铁、磷等多种矿物质，味道也十分鲜美。

不喝汤汁可大大减少糖分摄入量

除了汤品之外，其他菜品如炒菜和炖煮菜的汤汁不建议饮用，这样可以大大减少糖分和盐分的摄入量，使减糖瘦身的效果更佳。

在外用餐时，
如何执行减糖饮食？

在外就餐存在很多减肥陷阱，比如明明吃起来是咸味的东西却含有糖分，就算十分小心地挑选食材，也不可能将调味料的成分弄清楚。记住以下几个原则，可以减少掉入糖分陷阱的概率。

选择烹制手法简单的菜品

一般来说，中式餐馆大多会使用水淀粉勾芡，无形中增加了菜品的含糖量。日本料理中会大量使用味淋、砂糖、含糖分的酒来调味，也不宜选择。而意大利料理、法国料理、地中海料理中，有很多适合减糖饮食的选择，例如采用烧烤、

碳烧等方式烹制的肉类和鱼类。但西餐中的副菜如玉米、土豆等含糖量很高，尽量不吃或少吃。此外，肉类、鱼类、沙拉的酱汁成分复杂，最好不要直接淋在食物上，边吃边蘸取可以减少酱汁的摄入量。

【中餐厅减糖原则】

先吃菜再吃肉

中餐的单一菜品很难实现肉类与蔬菜各一半的比例，因此需要自己按比例搭配食用。在点餐时，可以从凉菜、炒蔬菜、肉菜的顺序开始点，凉菜最好有叶菜类、海带等，肉类选择不用甜面酱、番茄酱等酱料制作的。如果是油炸肉类，要问清楚外面是否裹了面粉、面包糠等。在吃菜时，建议先吃菜再吃肉，这样可以避免因过早吃饱而使蔬菜的摄入量远远低于肉类的摄入量。

挑味道胜过挑食材，慎选饮品

由于炒菜有可能在烹调时使用了水淀粉、番茄酱、甜面酱等调味料，因此即使是以蔬菜为主菜，也不可能成为中餐的首选菜品，尤其是口味重的炒菜。而清炖肉汤、原味烤羊排等菜品由于不添加太多调味料，反而是中餐馆的减糖首选。此外，不要在就餐时饮用任何含糖饮料以及啤酒，可选择不甜的红酒或者白酒。

【西餐厅用餐减糖原则】

选择清蒸或烧烤的烹饪方式

以意大利餐为例，虽然给人一种精致、易胖的印象，但其实品种很丰富，除了面包和意大利面不能点之外，各式肉类或鱼类均可尽情享用。最好选择以清炖或烧烤的方式烹饪的单纯菜色，如腌肉、蔬菜肉排、烤蔬菜、炖煮海鲜、蒜味虾、小肉排、奶酪拼盘等。香草烤肉可能添加面包糠，点餐时需留意。

法式料理慎选酱汁种类

在法式餐厅点菜时，使用了奶油面糊的黑椒汁和白汁最好不要点，米饭、面包、甜点也不能点。鹅肝酱、法式酱糜、法式烤肉、红酒炖煮食品、腌渍物、法式蜗牛、生蚝、松露都可以享用。吃全套法国料理时，建议先从蔬菜吃起，因为蔬菜中含有丰富的膳食纤维，可以减缓身体对糖分的吸收。

【日式料理用餐减糖原则】

烤、炖煮、照烧的料理注意酱汁

首先吃一些腌渍菠菜、海藻等小菜开胃。烤、炖煮、照烧之类的菜色中，酱汁一般含有大量砂糖和味淋，食用时要多注意。鱼类建议点烤鱼或生鱼片，秋刀鱼或鱼干最好选择盐烤的。连锁店的腌菜往往会添加很多甜味剂，要多加留意。

有主菜和附餐的套餐少吃主食

如果点了套餐，就只吃主菜、副菜和汤品，少吃白米饭，多吃一点豆制品，如冻豆腐以及叶菜类的小菜和沙拉。不宜选择土豆沙拉、通心粉沙拉等含糖量高的沙拉。选择姜丝炒猪肉、盐烤鱼肉、生鱼片套餐最好，油炸料理要挑选面衣薄一点的。

没时间做饭时，
如何选择超市食品？

在减糖饮食期间，自己挑选天然食材、自己烹制菜品是最理想的，但总会有没时间做饭的时候，需要买些能快速食用的超市食品。其实只要仔细检查好包装上标明的营养成分，确认含糖量，选择超市食品也能继续进行减糖饮食。

养成看营养成分表的习惯

正规的超市食品都会在比较显眼的位置标出营养成分表，例如某混合坚果的营养成分表如下：

营养成分表	
项目	每 100 克含
热量	2206 千焦
蛋白质	3.2 克
脂肪	10.6 克
碳水化合物	4.7 克
钠	11 毫克

想知道食品的含糖量，只需要看营养成分表中的碳水化合物一项即可。所谓的糖分，就是碳水化合物减去膳食纤维之后的成分，膳食纤维的含量本身很少，因此可以将碳水化合物的含量视为含糖量。需要注意的是，营养成分表中一般标注的是 100 克该食物的各成分含量，因此还要看一下每份食物的净含量。

蛋白质类：首选清蒸，油炸可适量

减糖饮食必须保证蛋白质的摄入量，清蒸的食品是较好的选择，但像炸鸡一类的油炸肉类，注意适量即可。除了肉类和鱼类以外，鸡蛋或豆制品也可多选择。

○鸡腿、鸭腿以及不含淀粉的火腿没有太多调味料，可以随意选用，清爽的口感很适合当下酒菜。

○制作过程中没有添加砂糖的卤蛋、咸鸭蛋、皮蛋，可以放心食用。

○鸭脖、鸭舌、鸡胗等可能加了很多含糖分的调料，可以用热水浸泡 10 分钟之后再食用。

蔬菜、生鲜类：买现成的食品

可以在超市生鲜区购买现成的蔬菜沙拉，如果沙拉中有鸡肉、毛豆、海藻更好。食用时不要将酱料全部挤在食材上，最好一边吃一边加。

○腌渍的什锦凉菜可以适量享用，但不要加粉丝，同时避免挑选藕片、胡萝卜、山药、南瓜、玉米等制作的腌菜。

○可以选择便利店的水煮牛肉丸、咖喱鱼丸，可以搭配酱油或醋，但不要搭配番茄酱、甜辣酱，除此之外，不要选择乌冬面、车仔面等。

○吃关东煮或麻辣烫要慎选食材，豆腐、鸡蛋、魔芋丝、海鲜、海带都是不错的选择，白萝卜吃一块就好，切记不要喝汤。

零食类：成分越简单越好

零食类尽量选择奶酪、肉类、海鲜、毛豆、青豆制成的，例如奶酪片、牛肉干、鱿鱼丝、小鱼干、蒜味青豆，以及坚果、海苔。

○富含蛋白质的毛豆、青豆和奶酪，很适合当零食食用。奶酪的味道浓郁，可增加饱腹感。

○牛肉干、鱼干、鱿鱼丝也是不错的方便食品，既能缓解饥饿又能补充大量蛋白质。

○选择混合坚果时，注意里面是否加入了水果干，如蔓越莓干、葡萄干、蓝莓干等，这些果干含糖量较高，最好少吃。

罐头食品：增加饱足感

罐头食品最好选择鱼类，如金枪鱼罐头、三文鱼罐头、凤尾鱼罐头。水煮的罐头最好，油浸的也可适量食用，但不要选择茄汁风味的。罐头午餐肉中一般添加了淀粉，不宜食用太多。

○如果想喝汤，在某些超市中也能买到速食汤品，与方便面类似，加入沸水冲泡几分钟即可，鸡蛋紫菜汤或豆腐味噌汤都是不错的选择。

○水果罐头不宜选择，因为这些罐头在制作过程中加入了很多糖分，对减肥不利，不如食用含糖量低的新鲜水果。

减糖饮食 Q&A

Q1 生理期很想吃甜食，怎么办？

**不需要刻意忍耐，
选择低糖甜点就好。**

减糖饮食本来就拒绝饿肚子，尤其是在身体较虚弱的生理期，越是忌口忍耐，越容易积累压力，导致挫败感甚至中途放弃。本书最后一章介绍了减糖饮食期间也可以食用的甜点，只要适量摄取，完全不用担心会减肥失败。

Q2 平时很多应酬，可以进行减糖饮食吗？

**可以。
平时对各种食物和调味料的含糖量多做功课，在应酬场合选择自己要吃的菜。**

减糖饮食不需要禁酒，因此在应酬场合或亲友饭局中也不会显得尴尬，是可以持之以恒的减肥方法。聚餐或应酬时，如果能够自己点菜，可以参考本书先前介绍的中餐、西餐、日本料理的减糖点餐原则；如果是别人点菜，可以根据平时掌握的减糖知识慎选自己所要吃的菜。如果场合特殊，实在难以拒绝、非吃不可，那么干脆放松心情愉快地接受，调整前一餐或下一餐的饮食，或是第二天的饮食就行了。

Q3 什么情况不能使用减糖饮食法减肥？

生病中或是正在服用某些治疗药物的人，不建议使用减糖饮食法。

对于体质尚好的健康人来说，采用减糖饮食法之后，身体经过短暂的适应期便可调整到新的平衡状态，使脂肪燃烧的速度加快。也就是说，减糖饮食会暂时打破身体原先习惯的平衡状态，如果在生病期或正在服用治疗药物，以及身体极度虚弱的人，最好先跟医生讨论，再安排如何减肥。尤其是有下列病症或正在服用以下药物的人，进行减糖饮食前一定要跟医生讨论：胰腺炎、肝硬化、脂质代谢异常、肝肾功能有问题、服用降血糖药、注射胰岛素等。

Q4 减糖饮食期间，连水果都不能吃吗？

先确认水果的含糖量，再决定是否食用。

有些水果营养价值很高，但在减糖饮食期间，尤其是适应期，最好不要食用。在维持期可以少量食用甜度较低的当季水果。例如牛油果、柠檬、蓝莓、草莓、西瓜、哈密瓜、桃子、枇杷都是含糖量少的水果。食用前需先确认其含糖量，只要保证每一天摄入的总糖量不超标就行。至于市售的果汁，偶尔喝一次没关系，不可经常饮用。

Q5 只要控制含糖量，食量大也没关系吗？

是的。
只要严格控制好含糖量，大可尽情享用美食。

减糖瘦身法并不是断食减肥法，而是将身体转换成优先燃烧脂肪的模式。断食或过度节食的缺点在于会刺激身体启动节能机制，从而变成无法燃烧脂肪的体质，长此以往更加容易长胖，这也是为什么节食减肥法容易反弹的原因。除了正确掌握食物的含糖量和蛋白质，减糖饮食法还强调用餐时细嚼慢咽，充分刺激产生饱足感的中枢神经。

Q6 一直执行减糖饮食，为什么体重不降？

很可能是你没有均衡摄取营养素，或者本身就属于标准体重。

减糖饮食作为一种健康减肥法，针对的是体重确实超重的肥胖人群，如果你的体重本来就在标准体重的范畴，甚至比标准体重更轻，那么即使持续进行减糖饮食，也很难继续变瘦。如果体重在标准体重以上，但还是瘦不下来，很可能是身体缺乏燃烧脂肪必需的维生素或矿物质，建议调整食谱，多样化摄取各类低糖食材，尤其是海带、芝麻、虾皮、香菇等，保证营养均衡。

常见食物含糖量及热量表

了解各种食材的含糖量，是实践减糖饮食的关键所在。通过以下表格你可能会发现，有些常吃的食物含糖量意外的高，而有些平时不敢碰的食物却几乎不含糖分。总之，了解得越多，在减肥期间的食谱搭配才越能兼顾美味，达到事半功倍的效果。（1千焦=0.239千卡）

菠菜
1把（150克）

含糖量 0.5 克　热量 105 千焦

油菜
3把（150克）

含糖量 0.6 克　热量 75 千焦

包菜
1个（1200克）

含糖量 34.8 克　热量 979 千焦

白菜
1棵（1千克）

含糖量 17.9 克　热量 553 千焦

胡萝卜
1根（200克）

含糖量 11.7 克　热量 280 千焦

番茄
1个（150克）

含糖量 5.4 克　热量 117 千焦

黄瓜
1根（100克）

含糖量 1.9 克　热量 59 千焦

青椒
2个（80克）

含糖量 2.0 克　热量 59 千焦

茄子
1个（80克）

含糖量 2.3 克　热量 67 千焦

西兰花
1 棵（250 克）

含糖量 1.0 克　热量 172 千焦

白萝卜
1 根（1 千克）

含糖量 23.8 克　热量 640 千焦

土豆
1 个（150 克）

含糖量 22.0 克　热量 431 千焦

紫薯
1 个（250 克）

含糖量 65.7 克　热量 1243 千焦

芋头
2 个（140 克）

含糖量 12.8 克　热量 293 千焦

山药
1 段（200 克）

含糖量 23.2 克　热量 490 千焦

南瓜
1/4 个（150 克）

含糖量 23.1 克　热量 515 千焦

牛蒡
1 根（200 克）

含糖量 17.5 克　热量 490 千焦

洋葱
1 个（200 克）

含糖量 13.5 克　热量 293 千焦

大葱
1 根（120 克）

含糖量 3.6 克　热量 84 千焦

豆芽
1/4 袋（50 克）

含糖量 0.6 克　热量 29 千焦

玉米
1 根（450 克）

含糖量 31.0 克　热量 866 千焦

豌豆
1 杯（120 克）

含糖量 9.1 克　热量 469 千焦

毛豆
1 把（50 克）

含糖量 1.0 克　热量 155 千焦

红腰豆罐头
1/4 罐（100 克）

含糖量 14.7 克　热量 506 千焦

苦瓜
1 根（200 克）

含糖量 2.2 克　热量 121 千焦

甜椒
1 个（100 克）

含糖量 4.9 克　热量 109 千焦

莴笋
1 个（400 克）

含糖量 2.1 克　热量 234 千焦

芦笋
3 根（90 克）

含糖量 1.5 克　热量 67 千焦

秋葵
3 根（24 克）

含糖量 0.3 克　热量 25 千焦

芹菜
1 根（150 克）

含糖量 1.7 克　热量 63 千焦

香菜
1 棵（40 克）

含糖量 0.2 克　热量 21 千焦

魔芋豆腐
1 块（300 克）

含糖量 0.3 克　热量 63 千焦

魔芋丝
1 小碟（90 克）

含糖量 0.1 克　热量 21 千焦

香菇
2 个（30 克）

含糖量 0.3 克　热量 17 千焦

金针菇
1 袋（100 克）

含糖量 2.8 克　热量 71 千焦

蟹味菇
1 袋（100 克）

含糖量 1.2 克　热量 67 千焦

平菇
1 把（100 克）

含糖量 1.8 克　热量 84 千焦

口蘑
3 个（30 克）

含糖量 0 克　热量 13 千焦

滑子菇
1 袋（100 克）

含糖量 2.0 克　热量 67 千焦

海带
1 块（10 克）

含糖量 0.1 克　热量 4 千焦

海藻
10 克

含糖量 0 克　热量 4 千焦

烤海苔
1 片（3 克）

含糖量 0.2 克　热量 25 千焦

紫菜(干)
5 克

含糖量 0.9 克　热量 50 千焦

虾皮
1 小把（20 克）

含糖量 0.3 克　热量 130 千焦

海米
1 小把（20 克）

含糖量 0 克　热量 163 千焦

牛奶
1杯（200毫升）

含糖量 9.6 克　热量 561 千焦

低脂牛奶
1杯（200毫升）

含糖量 11.0 克　热量 385 千焦

酸奶
1杯（200毫升）

含糖量 9.8 克　热量 519 千焦

优酪乳
1杯（200毫升）

含糖量 24.4 克　热量 544 千焦

鲜奶油
1大匙（15克）

含糖量 0.5 克　热量 272 千焦

切片奶酪
1片（20克）

含糖量 0.3 克　热量 285 千焦

奶油奶酪
100克

含糖量 2.3 克　热量 1448 千焦

披萨用奶酪
50克

含糖量 0.2 克　热量 770 千焦

马苏里拉奶酪
1块（30克）

含糖量 0.2 克　热量 310 千焦

黄油
1小块（12克）

含糖量 0 克　热量 448 千焦

椰奶
1杯（200毫升）

含糖量 5.2 克　热量 1256 千焦

豆浆
1杯（200毫升）

含糖量 5.8 克　热量 385 千焦

纯咖啡
1杯（100毫升）

含糖量 0.7 克　热量 17 千焦

拿铁咖啡
1杯（200毫升）

含糖量 11.7 克　热量 406 千焦

红茶
1杯（100毫升）

含糖量 0.1 克　热量 4 千焦

纯橙汁
1杯（200毫升）

含糖量 21.4 克　热量 352 千焦

蔬菜汁
1杯（200毫升）

含糖量 14.8 克　热量 268 千焦

运动饮料
1杯（200毫升）

含糖量 12.4 克　热量 209 千焦

可乐
1杯（200毫升）

含糖量 22.8 克　热量 385 千焦

啤酒
1杯（200毫升）

含糖量 6.2 克　热量 335 千焦

红酒
1杯（80毫升）

含糖量 1.2 克　热量 243 千焦

白酒
1小瓶（180毫升）

含糖量 0 克　热量 1097 千焦

威士忌
1杯（30毫升）

含糖量 0 克　热量 297 千焦

香槟
1杯（110毫升）

含糖量 2.2 克　热量 335 千焦

日式饭团
1个

含糖量 38.4 克　热量 703 千焦

蔬菜三明治
1个

含糖量 27.0 克　热量 1080 千焦

甜甜圈
1个

含糖量 41.6 克　热量 1586 千焦

炸鸡块
3块

含糖量 14.4 克　热量 774 千焦

炸鸡
1块

含糖量 16.0 克　热量 1084 千焦

热狗肠
1根

含糖量 3.7 克　热量 745 千焦

豆沙包
1个

含糖量 57.7 克　热量 1373 千焦

肉包
1个

含糖量 35.8 克　热量 1013 千焦

泡面
1碗

含糖量 41.6 克　热量 1478 千焦

腌菜
1人份

含糖量 3.3 克　热量 159 千焦

调味水煮蛋
1个

含糖量 0.7 克　热量 276 千焦

玉米沙拉
1人份

含糖量 3.7 克　热量 234 千焦

烤鸡肉串
1 串

含糖量 7.1 克　热量 410 千焦

凉面
1 人份

含糖量 68.8 克　热量 1658 千焦

乌冬面
1 人份

含糖量 62.4 克　热量 1771 千焦

猪肉蔬菜饭
1 人份

含糖量 114.4 克　热量 4161 千焦

奶酪汉堡牛排
1 人份

含糖量 30.6 克　热量 2532 千焦

牛排
1 人份

含糖量 0.6 克　热量 2168 千焦

炸虾
2 只

含糖量 9.8 克　热量 561 千焦

牛杂汤
1 人份

含糖量 12.6 克　热量 1457 千焦

芝士焗饭
1 人份

含糖量 82.7 克　热量 3303 千焦

蛋包饭
1 人份

含糖量 71.4 克　热量 3834 千焦

肉酱意大利面
1 人份

含糖量 97.0 克　热量 3098 千焦

培根白酱意面
1 人份

含糖量 70.6 克　热量 3181 千焦

味噌汤
1 人份

含糖量 3.5 克　热量 172 千焦

布丁
1 小份

含糖量 27.4 克　热量 804 千焦

素沙拉
1 人份

含糖量 3.9 克　热量 239 千焦

烤秋刀鱼
1 条

含糖量 0.1 克　热量 1226 千焦

生鱼片
1 人份

含糖量 0.5 克　热量 410 千焦

猪排
1 人份

含糖量 21.5 克　热量 2428 千焦

煎饺
6 个

含糖量 21.6 克　热量 1256 千焦

春卷
3 个

含糖量 55.4 克　热量 1825 千焦

炒面
1 人份

含糖量 60.6 克　热量 1963 千焦

炒饭
1 人份

含糖量 103.1 克　热量 3131 千焦

汉堡
1 个

含糖量 28.6 克　热量 1088 千焦

奶酪汉堡
1 个

含糖量 28.4 克　热量 1298 千焦

薯条
中份

含糖量 48.8 克　热量 1900 千焦

鸡块
5 块

含糖量 12.4 克　热量 1172 千焦

热狗
1 根

含糖量 29.8 克　热量 1247 千焦

苹果派
1 块

含糖量 25.5 克　热量 883 千焦

玉米浓汤
1 人份

含糖量 16.9 克　热量 632 千焦

章鱼烧
6 颗

含糖量 32.4 克　热量 992 千焦

牛肉盖饭
1 人份

含糖量 92.4 克　热量 2800 千焦

炸虾盖饭
1 人份

含糖量 126.4 克　热量 3353 千焦

咖喱猪肉盖饭
1 人份

含糖量 107.9 克　热量 3127 千焦

可丽饼
1 块

含糖量 43.8 克　热量 2369 千焦

披萨
1 片(约20厘米)

含糖量 43.9 克　热量 1984 千焦

拉面
1 人份

含糖量 62.5 克　热量 2051 千焦

白砂糖
1 大匙（9 克）

含糖量 8.9 克　热量 147 千焦

盐
1 大匙（15 克）

含糖量 0 克　热量 0 千焦

黑胡椒
1 大匙（6 克）

含糖量 4.0 克　热量 92 千焦

酱油
1 大匙（18 毫升）

含糖量 1.8 克　热量 54 千焦

醋
1 大匙（15 毫升）

含糖量 1.1 克　热量 29 千焦

味噌
1 大匙（18 克）

含糖量 3.1 克　热量 147 千焦

沙拉酱
1 大匙（14 克）

含糖量 0.6 克　热量 410 千焦

番茄酱
1 大匙（18 克）

含糖量 4.6 克　热量 88 千焦

蚝油
1 大匙（18 克）

含糖量 3.3 克　热量 80 千焦

黄芥末酱
1 大匙（18 克）

含糖量 2.3 克　热量 172 千焦

蜂蜜
1 大匙（22 克）

含糖量 17.5 克　热量 272 千焦

枫糖
1 大匙（21 克）

含糖量 13.9 克　热量 226 千焦

橄榄油
1 大匙（13 毫升）

含糖量 0 克　热量 502 千焦

香油
1 大匙（13 毫升）

含糖量 0 克　热量 502 千焦

亚麻籽油
1 大匙（13 毫升）

含糖量 0 克　热量 481 千焦

咖喱粉
1 大匙（7 克）

含糖量 1.8 克　热量 121 千焦

咖喱块
1 块（17 克）

含糖量 6.5 克　热量 377 千焦

辣椒酱
1 大匙（18 克）

含糖量 0.1 克　热量 25 千焦

鸡精
1 大匙（9 克）

含糖量 4.0 克　热量 80 千焦

辣椒粉
1 大匙（8 克）

含糖量 1.1 克　热量 96 千焦

味淋
1 大匙（18 毫升）

含糖量 7.8 克　热量 180 千焦

醪糟
1 大匙（15 克）

含糖量 0 克　热量 59 千焦

干淀粉
1 大匙（15 克）

含糖量 13.2 克　热量 230 千焦

面汤
1 大匙（15 毫升）

含糖量 1.3 克　热量 29 千焦

2
PART

含糖量小于 5 克，
最常吃的减糖家常菜

本章的菜谱适用于刚开始减糖饮食还在适应期的人，所选的菜品含糖量均在 5 克以下，并且能保证足够的蛋白质摄入量，同时方便任意搭配组合，帮你快速进入减糖状态。

1/4 份

含糖量 **0** 克

蛋白质 **33.5** 克

热　量 **678** 千焦

（162 千卡）

水煮鸡胸肉沙拉

❄ 冷藏保存 4~5 天

 **材料** 🌱

鸡胸肉 ……………… 2 块

黑芝麻 ……………… 适量

调料 🌱

盐 ………………… 7 克

香叶 ……………… 1 片

五香粉 ……………… 适量

做法 ✕

① 鸡胸肉用水洗净，对切成两半，撒上一点盐搓揉入味，放进冰箱冷藏腌制半天以上。

② 将腌好的鸡胸肉取出，和香叶一起放入锅中，加适量水煮熟。

③ 取出煮好的鸡胸肉，用保鲜膜包起来，在保鲜膜上戳几个小孔，放入冷水中冷却 10 ～ 15 分钟。

④ 撕掉保鲜膜，取出鸡肉，将其中一半鸡胸肉裹上黑芝麻，另一半裹上五香粉，做成两种口味，放入冰箱冷藏保存，可随时取用。

彩椒拌菠菜

1/2 份	
含糖量 **1.2** 克	
蛋白质 **0.9** 克	
热　量 **142** 千焦 （34 千卡）	

 **材料**

彩椒	半个
菠菜	400 克
大蒜	1/2 瓣
白芝麻	少许

调料

盐	少许
香油	2 小匙

做法 ✕

① 菠菜洗净，切成长段；红甜椒洗净，去蒂、籽，切成粗丝；大蒜切成末状。

② 锅中加适量清水烧开，放入菠菜焯煮约 2 分钟，捞出，沥干水分。

③ 取一个大碗，放入菠菜、彩椒丝、蒜末，搅拌均匀。

④ 加入适量盐、香油拌匀，撒上白芝麻即可。

五香鹌鹑蛋

材料 🌱

鹌鹑蛋············20个

调料 🌱

丁香················5根
酱油················2大匙
辣椒酱···········2大匙

做法 🍴

① 将鹌鹑蛋用清水煮熟，捞出，剥去壳，待用。

② 在锅中倒入酱油、2/3杯水、辣椒酱，放入丁香、鹌鹑蛋，加热至沸腾。

③ 将煮好的鹌鹑蛋连同汤汁一起倒入保存容器中冷却，加盖后放入冰箱冷藏一晚即可食用。

— 减糖诀窍 —

ⓐ 丁香的特点是既具有刺激性香料的芬芳，又具有香草的气味，就算不加糖也能吃到甜味。

ⓑ 如果喜欢吃口味重一些的卤鹌鹑蛋，还可加入花椒、八角、香叶、桂皮等调料。

ⓒ 鹌鹑蛋浸泡的时间越长越入味，建议做一星期的分量放在冰箱中冷藏，随吃随取，作为早餐、零食、沙拉配菜等均可。

1 个

含糖量 **0.2** 克

蛋白质 **1.4** 克

热　量 **67** 千焦

（42 千卡）

鸡蛋火腿杯

❄ 冷藏保存 2~3 天

材料 🌿

鸡蛋……………… 1 个
火腿……………… 1 片
葱花……………… 少许

调料 🌿

披萨用奶酪 ……… 5 克
盐 ………………… 少许
黑胡椒碎………… 少许
百里香碎………… 少许
橄榄油 …………… 1 小匙

做法 🍴

1) 在蛋糕杯内侧涂抹一层橄榄油。

2) 取一片火腿，放入杯中作为铺底。

3) 在火腿片上撒上披萨用奶酪，再打入一个鸡蛋。

4) 用烤面包机或者预热到170℃的烤箱，烘烤15分钟左右。

5) 取出烤好的鸡蛋火腿杯，趁热均匀撒上盐、黑胡椒碎、葱花、百里香碎即可。

减糖诀窍

ⓐ 这道鸡蛋火腿杯制作和携带都很方便，适宜当早餐和便当菜，为营养加分。

ⓑ 用制作甜点的蛋糕杯做这道减糖美食，大小刚刚好，也可以用小陶瓷马克杯。

ⓒ 还可以在这道美味中加入喜欢的蔬菜，例如将菠菜焯好水，在打入鸡蛋之前放进蛋糕杯即可。

ⓓ 一次可做5~6份，备好一周的份量。

1 份

含糖量 **0.5** 克

蛋白质 **10.0** 克

热　量 **548** 千焦

（131 千卡）

剁椒金针菇

❄ 冷藏保存 4~5 天

1/4 份

含糖量 **1.3** 克

蛋白质 **2.8** 克

热　量 **88** 千焦

（21 千卡）

材料

金针菇⋯⋯⋯⋯200 克
剁椒⋯⋯⋯⋯⋯50 克
蒜末⋯⋯⋯⋯⋯少许
葱花⋯⋯⋯⋯⋯少许

调料

酱油⋯⋯⋯⋯1 小匙
橄榄油⋯⋯⋯1 小匙

做法

1) 将金针菇清洗干净，用刀切去根部，再掰散开，摆入盘中。

2) 取一个小碗，倒入备好的蒜末、剁椒、酱油和橄榄油，搅拌均匀，调成酱汁。

3) 将调好的酱汁均匀淋在金针菇上。

4) 蒸锅中注入适量清水烧开，放入金针菇，大火蒸 5 分钟。

5) 将蒸好的金针菇取出，趁热撒上少许葱花即可。

醋拌海带丝

1/4 份	
含糖量 **0.7** 克	
蛋白质 **1.2** 克	
热 量 **63** 千焦	
（15 千卡）	

 **材料** 🌿

海带丝 ··········· 200 克
青椒 ················· 1 个
蒜末 ················· 少许

调料 🌿

盐 ················· 少许
白醋 ············· 1 大匙
陈醋 ············· 1 小匙
酱油 ············· 1 小匙
橄榄油 ··········· 1 小匙
香油 ············· 1 小匙

做法 🍴

1) 将洗净的海带丝切 7~8 厘米长的段；青椒洗净，切成粗丝。

2) 锅中加入适量清水烧开,加入少许白醋、盐，倒入海带丝煮约 2 分钟至熟。

3) 将煮好的海带丝捞出，盛入碗中。

4) 平底锅中倒入橄榄油烧至微温，放入蒜末、青椒，炒香；再倒入少许酱油，翻炒均匀。

5) 将炒好的青椒倒在海带丝上，再淋上陈醋、香油，用筷子拌匀，装盘即可。

葱爆羊肉

材料

羊肉·············300 克
大葱·············30 克
秋葵·············2 个
姜片·············适量
蒜末·············适量

调料

盐···············4 克
酱油·············1 小匙
白酒·············1 小匙
食用油···········适量
高汤·············适量

做法 ✗

① 将秋葵洗净，去蒂，切成小块，放入榨汁机中，倒入高汤搅打成糊状。

② 洗净的羊肉切片。洗净的大葱切成小段。

③ 将切好的羊肉放入碗中，淋入白酒、适量酱油、盐，搅拌均匀，腌渍 10 分钟。

④ 锅中倒入食用油烧热，放入大葱、姜片、蒜末、羊肉，翻炒出香味。

⑤ 加盐、酱油，翻炒均匀至食材入味。

⑥ 倒入秋葵糊，大火炒至汤汁收干即可。

减糖诀窍

ⓐ 秋葵中有较多黏液成分，搅打成糊后可以代替水淀粉，为菜品增加顺滑的口感。

ⓑ 这道减糖菜用白酒代替料酒，也可以用威士忌、白兰地等蒸馏酒，制作出不同的口感。

ⓒ 大葱和羊肉都是性质温热的食材，又加入了白酒调味，这道菜有助于促进身体的新陈代谢。羊肉中还含有分解脂肪必需的左旋肉碱，对减肥有益。

1/2 份

含糖量 **1.1** 克

蛋白质 **29.4** 克

热　量 **1339** 千焦

（320 千卡）

牛油果金枪鱼串

1/2 份

含糖量 **2.4** 克

蛋白质 **16.1** 克

热 量 **724** 千焦

（173 千卡）

材料 🌿

金枪鱼 ········· 100 克
牛油果 ··········· 1 个

调料 🌿

酱油 ············· 4 毫升
醋 ··············· 3 毫升
食用油 ··········· 适量

做法 🍴

① 将牛油果洗净，对半切开，挖去核，再将去核的牛油果连皮一起切成小块。

② 金枪鱼切成与牛油果差不多大的块，待用。

③ 平底锅中倒入适量食用油烧热，放入金枪鱼块，煎至两面微黄。

④ 淋入少许酱油、醋，使金枪鱼均匀入味，盛出待用。

⑤ 将牛油果放入平底锅中，微微加热盛出。

⑥ 待金枪鱼和牛油果稍微晾凉后，用竹签将其间隔着串成串即可。

蒜味煎鱼排

❄ 冷藏保存 3~4 天

1/2 份

含糖量 **1.8** 克

蛋白质 **14.1** 克

热 量 **473** 千焦

（113 千卡）

材料

三文鱼排········· 100 克
大蒜················· 2 瓣

调料

橄榄油··········· 2 小匙
柠檬汁··········· 1 小匙
黑胡椒··········· 少许
香草碎··········· 少许
盐··················· 少许

做法

1) 大蒜切成薄片。

2) 平底锅中倒入少许橄榄油，烧至微热，放入蒜片爆香。

3) 将三文鱼排放入平底锅，煎至两面微黄。

4) 撒上少许盐、黑胡椒、香草碎，滴上柠檬汁调味即可。

酒香牛肉炒青椒

❄ 冷藏保存 5 天

1/4 份

含糖量 **1.6** 克

蛋白质 **15.8** 克

热 量 **707** 千焦
（169 千卡）

 **材料** 🌿

牛肉·············300 克

青椒·············30 克

白洋葱···········30 克

大蒜·············1 瓣

调料 🌿

盐··············少许

胡椒粉···········少许

白葡萄酒········15 毫升

醋··············5 毫升

橄榄油··········15 毫升

酱油···········10 毫升

做法 🍴

① 牛肉切成片，放入碗中，撒上盐、胡椒粉，倒入白葡萄酒，搅拌均匀，腌渍 30 分钟。

② 青椒洗净，切开，去籽，再切成小块；白洋葱切成小块。大蒜捣成泥。

③ 平底锅中加入橄榄油烧至微温，倒入蒜泥，爆出香味。

④ 放入腌好的牛肉和青椒、白洋葱，快速翻炒片刻。

⑤ 加入酱油，炒至食材入味，出锅前淋上少许醋，翻炒均匀即可。

1/2 份	
含糖量 **0.9** 克	
蛋白质 **11.3** 克	
热 量 **569** 千焦	
（136 千卡）	

蒸肉末菜卷

❄ 冷藏保存 3~4 天

材料 🌿

瘦肉末	100 克
白菜叶	100 克
蛋液	30 克
葱花	适量
姜末	适量

调料 🌿

盐	4 克
胡椒粉	少许
红酒	2 小匙
橄榄油	1 小匙

做法 🍴

① 把瘦肉末放入碗中，加入红酒，撒上姜末、葱花、胡椒粉，加少许盐，再倒入蛋液，淋少许橄榄油，充分拌匀，制成肉馅，待用。

② 锅中注入适量清水烧开，放入洗净的白菜叶，焯煮至八分熟后捞出，沥干水分。

③ 将白菜叶放凉后铺开，放入适量的肉馅，包好，卷成卷，放在蒸盘中，摆放整齐。

④ 蒸锅中倒入适量清水烧开，放入蒸盘，盖上盖，蒸约 8 分钟，至食材熟透。

⑤ 取出蒸好的菜卷即可。

049

不饿肚！
用肉蛋类制作的减糖菜

本章的菜谱适用于适应期之后的减量期，教你如何善用肉类、海鲜、蛋类、豆制品，轻松做出分量十足的减糖菜。

肉类中糖与蛋白质的含量

　　肉类可以分为红肉和白肉，红肉的脂肪含量比白肉低，因此多选择红肉是减肥成功的捷径。即使是同种类的肉，不同部位的含糖量和蛋白质含量也不一样，以下为每100克肉品的含糖量与蛋白质含量。

牛肉

牛肉属于红肉，是超低糖食材，每100克牛肉的含糖量小于1克，其中富含丰富的铁质，还有助于预防贫血。

牛里脊肉
含糖量 0.2 克
蛋白质 22 克

牛腰肉
含糖量 0.3 克
蛋白质 20 克

猪腿肉
含糖量 0.2 克
蛋白质 21 克

猪里脊肉
含糖量 0.2 克
蛋白质 19 克

猪肉

猪肉的不同部位含糖量在 0.1 克到 0.2 克之间，也属于低糖食物。由于猪肉具有促进新陈代谢和恢复疲劳的作用，因此尤其适合运动后食用。

猪肋条肉
含糖量 0.1 克
蛋白质 14 克

厚切羊肉
含糖量 0.1 克
蛋白质 18 克

羊肉

羊肉不仅含糖量低，而且含有左旋肉碱，左旋肉碱是脂肪代谢过程中的一种关键的物质，具有促进脂肪燃烧的作用。

羊肋排
含糖量 0.1 克
蛋白质 17 克

鸡腿肉
含糖量 0 克
蛋白质 17 克

鸡胸肉
含糖量 0 克
蛋白质 25 克

鸡肉

鸡肉的任何部位几乎都不含糖，可以放心选择。此外，鸡肉还含有能保持皮肤润泽的胶原蛋白，以及能迅速恢复疲劳的 B 族维生素。

鸡翅
含糖量 0 克
蛋白质 23 克

绞肉

绞肉的含糖量都不高，牛绞肉稍高，但仍低于 1 克，但烹制绞肉时需要特别注意调味方式，以免增高含糖量。

鸡绞肉
含糖量 0 克
蛋白质 21 克

猪绞肉
含糖量 0 克
蛋白质 19 克

混合绞肉
含糖量 0.3 克
蛋白质 19 克

香肠
含糖量 3 克
蛋白质 13 克

火腿片
含糖量 1.3 克
蛋白质 17 克

加工肉品

加工肉品的含糖量稍高，尤其是香肠，而且这类食品的含盐量也往往较高，最好不要食用太多。

火腿肉
含糖量 0.3 克
蛋白质 13 克

猪肉

韩式生菜包肉

❄ 冷藏保存 3~4 天

材料 🌿

猪里脊肉········150 克
葱白··············少许
生菜叶···········适量

调料 🌿

味噌··············3 大匙
蒜泥··············1/2 小匙
辣椒油···········1 小匙

做法 🍴

1) 猪里脊肉洗净，放入烧开的蒸锅中，蒸至熟透，取出。

2) 葱白洗净，切成细丝；生菜叶充分洗净。

3) 待猪里脊肉稍微晾凉后，将其切成薄片。

4) 取一小碟，倒入味噌、蒜泥、辣椒油，加少许水，拌成味噌酱汁。

5) 食用时，用一片生菜叶包住肉片、葱丝，蘸上味噌酱汁即可。

减糖诀窍

ⓐ 这道菜只有味噌的含糖量稍微高一些，其他食材含糖量非常低，但味噌的含糖量远低于甜面酱、韩式辣酱的含糖量，可放心选用。

ⓑ 也可将猪里脊肉换成牛肉、鸡肉，这两种肉的含糖量同样很低。

ⓒ 蒜泥和辣椒油有助于加快身体的新陈代谢，可促进体内脂肪的分解。

1/2 份

含糖量 **8.4** 克

蛋白质 **15.6** 克

热　量 **1059** 千焦

（253 千卡）

1/4 份	
含糖量	**5.0** 克
蛋白质	**22.1** 克
热 量	**1339** 千焦（320 千卡）

果醋里脊肉

❄ 冷藏保存 4~5 天

猪里脊肉……400 克
青椒……………2 个
红甜椒…………1 个
洋葱……………1/8 个
番茄……………1/2 个
滑子菇…………30 克
蒜末、姜末…各少许

调料 🌿

盐………………4 克
食用油…………适量
酱油、苹果醋各 2 大匙
鸡汤、香油…各适量

做法 🍴

① 猪里脊肉切成小块；青椒、红甜椒去蒂、籽，切成小块；洋葱切成青椒块一样大小。

② 番茄切成小块，和滑子菇一起放入榨汁机中，加少许鸡汤，搅打成番茄滑菇酱。

③ 锅中倒入少许食用油烧热，放入姜末、蒜末爆香，再放入猪肉块炒匀。

④ 加入青椒、红甜椒、洋葱继续翻炒，倒入酱油、苹果醋、番茄滑菇酱、香油、少许鸡汤，焖煮片刻。

⑤ 大火收汁，加入少许盐调味即可。

山西馅肉

1/4 份
含糖量 **0.2** 克
蛋白质 **18.1** 克
热 量 **1892** 千焦 （452 千卡）

材料

五花肉 ·········· 400 克
蒜末 ·············· 2 克
姜片 ·············· 2 克
葱段 ·············· 2 克
八角 ·············· 适量
香菜 ·············· 适量

调料

盐 ················ 2 克
酱油 ·············· 1 小匙
醋 ·············· 1/2 小匙
香油 ·············· 1 小匙
白酒 ·············· 1 小匙

做法 ✕

1) 锅中注入适量的清水烧开，倒入五花肉，再放入八角、葱段、姜片、白酒和盐，用小火焖制 40 分钟至其熟烂。

2) 待时间到，将五花肉捞出，装入盘中，放凉备用。

3) 取一个小碗，倒入蒜末，淋入酱油、醋、香油，搅拌均匀制成酱汁。

4) 将放凉的五花肉切成均匀的薄片，围着盘子呈花型摆放。

5) 将制好的酱汁浇在肉上，撒上香菜即可。

烤猪肋排

1/2 份

含糖量 **9.0** 克

蛋白质 **15.9** 克

热　量 **1641** 千焦

（392 千卡）

材料

猪肋排 ………… 300 克

白洋葱 ………… 30 克

蒜末 ……………… 5 克

迷迭香 …………… 适量

紫甘蓝 …………… 适量

圣女果 …………… 1 个

包菜 ……………… 适量

调料

盐 ………………… 2 克

酱油 …………… 1 小匙

辣椒粉 …………… 适量

黑胡椒 …………… 适量

做法 ✗

① 猪肋排斜刀划上网格花刀；白洋葱切粒；迷迭香切成小段。

② 取一个大盘，放入洋葱粒、黑胡椒、蒜末、辣椒粉、迷迭香、盐和酱油，制成腌肉汁。

③ 放入猪肋排，均匀地将两面涂上腌料，腌制 2 小时至入味。

④ 将锡纸铺在烤盘上，放上腌猪肋排，再把烤盘放入烤箱中，将上下火温度调至 180℃，定时烤 40 分钟。

⑤ 取出猪肋排装盘，淋上腌肉汁，摆上圣女果、紫甘蓝、包菜、迷迭香即可。

姜烧猪肉片

1/4 份

含糖量 **7.0** 克

蛋白质 **14.5** 克

热　量 **603** 千焦

（144 千卡）

材料

猪肉···········250 克
生姜············10 克
滑子菇·········100 克

调料

食用油············适量
酱油············3 大匙
鸡汤············1/4 杯

做法 🍴

① 生姜捣成泥；猪肉切薄片，放入碗中，加入酱油、生姜泥，拌匀，腌制 10 分钟。

② 将滑子菇、鸡汤倒入搅拌机，搅打成滑菇酱。

③ 平底锅中倒入食用油烧热，放入腌好的猪肉片，炒 1 分钟盛出。

④ 将腌肉的酱汁、滑菇酱倒入锅中，炒至黏稠后，再放入肉片继续炒至熟透即可。

黄瓜炒肉片

❄ 冷藏保存 2~3 天

材料 🌿

猪瘦肉	150 克
黄瓜	100 克
滑子菇	25 克
蒜末	适量

调料 🌿

盐	4 克
食用油	适量
高汤	适量

做法 🍴

1. 洗净的黄瓜去除头尾后切片。

2. 将洗净的滑子菇放入榨汁机中，倒入高汤，搅打成滑菇酱。

3. 洗净的瘦肉切成片，装入盘中，加盐、橄榄油和少许滑菇酱，拌匀后腌制片刻。

4. 热锅中倒入食用油，烧至四成热，倒入肉片，滑油片刻捞出。

5. 锅底留油，倒入蒜末，煸香；倒入黄瓜片，炒香；倒入肉片，加盐，拌炒均匀。

6. 最后倒入剩下的滑菇酱，炒至汤汁收干，盛出装盘即可。

减糖诀窍

a. 如果想制作简单方便的炒菜，但不能用水淀粉和鸡精调味时，可以将滑子菇与高汤一起搅打成滑菇酱，替代水淀粉和鸡精。

b. 黄瓜含有一种叫丙醇二酸的物质，这种物质可以抑制糖类转化为脂肪，这样摄入的糖类就没有机会变成脂肪堆积起来。

c. 喜欢吃辣的人还可以加些辣椒粉或辣椒油，更有助于加速脂肪的代谢。

1/4 份

含糖量 **1.3** 克

蛋白质 **7.1** 克

热 量 **758** 千焦
（181 千卡）

牛肉

迷迭香烤牛肉

❄ 冷藏保存 3 天

材料 🌿

牛肉·············800 克
白兰地·········30 毫升
迷迭香 ···········适量

调料 🌿

盐 ···············3 克
黑胡椒粉·········1 小匙
橄榄油 ·········1 大匙

做法 ✗

1) 将牛肉洗净,放入碗中,加盐、黑胡椒粉、橄榄油、白兰地、迷迭香腌制 2 小时至入味。

2) 取锡纸将腌制好的牛肉包裹起来。

3) 烤箱预热至 180℃,把锡纸包裹的牛肉放入烤箱,烤 25 分钟至熟。

4) 将牛肉取出,稍微放凉后切成 1 厘米厚的块状。

5) 将牛肉块装入盘中,再浇上锡纸中的酱汁,点缀上迷迭香即可。

减糖诀窍

a 白兰地可以代替料酒的作用,能去除肉中的腥味,并且让肉更易熟,而且它的味道比料酒更香醇,使烤出来的牛肉别具风味。

b 牛肉烤好之后可以分成 4 份装入小一些的保鲜袋中,再放入冰箱冷藏,每次取出一份食用即可,避免反复解冻,可延长保鲜期。

1/4 份

含糖量 **0.6** 克

蛋白质 **40.4** 克

热　量 **1624** 千焦
（388 千卡）

1/4 份	
含糖量	**2.2** 克
蛋白质	**14.8** 克
热 量	**678** 千焦
	（162 千卡）

牛肉豆腐煲

❄ 冷藏保存 3~4 天

 **材料** 🌱

肥牛片 ········· 200 克
北豆腐 ········· 300 克
葱 ··················· 适量

调料 🌱

香油 ············· 1 小匙
酱油 ············· 2 大匙
高汤 ············· 3/4 杯

做法 🍴

1. 北豆腐洗净，切成 3 厘米左右的块；葱洗净，切成段。

2. 锅中倒入少许香油烧热，放入肥牛片，快炒片刻。

3. 加入酱油、高汤，大火烧开后转小火熬煮约 20 分钟。

4. 放入豆腐块，翻炒均匀，继续煮至豆腐入味，出锅前撒上葱即可。

1/4 份	
含糖量 **2.1** 克	
蛋白质 **9.4** 克	
热　量 **657** 千焦	
（157 千卡）	

芝麻沙拉酱涮牛肉

❄ 冷藏保存 3 天

■ 材料

肥牛片 ·········· 150 克
白菜叶 ············ 3 片
苦菊 ·············· 1 小把

■ 调料

沙拉酱 ·········· 2 大匙
芝麻酱 ·········· 1 大匙
酱油 ·············· 1 小匙

■ 做法 ✗

1. 苦菊洗净，切成小段；白菜叶洗净，切成粗丝。

2. 锅中加入适量清水煮沸，放入白菜叶丝烫煮至熟，捞出，沥干水分。

3. 再将肥牛片下入沸水锅中涮熟，捞出沥干。

4. 将苦菊、白菜、牛肉片装盘。

5. 取一小碗，倒入沙拉酱、芝麻酱、酱油，加少许水调匀成酱汁，吃之前淋在食材上即可。

五香牛肉

❄ 冷藏保存 1 周

材料 🌿

牛肉……………800 克

花椒、茴香……各 5 克

草果、八角……各 2 个

香叶……………1 片

桂皮……………2 片

朝天椒…………5 克

葱段、姜片……适量

香菜……………适量

调料 🌿

白兰地…………1 小匙

老抽……………1 小匙

生抽……………2 大匙

做法 🍴

1) 洗净的牛肉装入碗中，再放入花椒、茴香、香叶、桂皮、草果、八角、姜片、朝天椒，倒入白兰地、老抽、生抽，将所有材料搅拌均匀。

2) 用保鲜膜密封碗口，放入冰箱保鲜 24 小时至牛肉腌制入味。

3) 取出腌制好的牛肉，与碗中酱汁一同倒入砂锅，再注入适量清水，放入葱段，煮至牛肉熟软，取出牛肉切片，锅内卤汁留着备用。

4) 将牛肉片装入盘中，浇上少许卤汁，点缀上香菜即可。

1/2 份

含糖量 **5.6** 克

蛋白质 **23** 克

热　量 **1486** 千焦
（355 千卡）

牛肉香菜沙拉

❄ 冷藏保存 3~4 天

材料 🌿

牛肉…………200 克

香菜……………1 把

黄瓜……………1 根

樱桃萝卜………4 个

黑芝麻…………少许

白芝麻…………少许

调料 🌿

鱼露…………1/2 小匙

橄榄油…………2 小匙

辣椒油………1/2 小匙

盐………………少许

做法 🍴

① 牛肉切成薄片；香菜切成段；黄瓜、樱桃萝卜切成半圆形薄片。

② 在牛肉片上均匀地撒上黑芝麻、白芝麻，放入预热 170℃的烤箱中烤 20 分钟，取出。

③ 将烤好的牛肉和香菜、黄瓜、樱桃萝卜一起摆在盘中。

④ 在碗中倒入鱼露、橄榄油、辣椒油、盐，调成酱汁，食用前淋上即可。

牛肉炒海带丝

材料

牛肉…………150 克
海带丝………300 克
红甜椒………1/2 个
小油菜………2 棵
香菇…………4 朵
蒜泥…………1/2 小匙
白芝麻…………适量

调料

酱油…………1 大匙
香油…………2 小匙

做法

1) 牛肉切成条；红甜椒切粗丝；香菇切薄片。

2) 在平底锅中倒入 1 小匙香油烧热，放入牛肉条快炒，加少许酱油翻炒调味,盛出。

3) 再用平底锅加 3 热 1 小匙香油，放入小油菜、红甜椒、香菇快炒，接着放入海带丝继续翻炒。

4) 放入牛肉，加入蒜泥、剩下的酱油，炒至食材入味，出锅前撒上白芝麻即可。

减糖诀窍

ⓐ 海带丝也可换成魔芋丝。魔芋丝不同于粉丝或粉条，它的主要成分是膳食纤维而非碳水化合物，因此含糖量非常低，其膳食纤维还有增强饱腹感的作用。

ⓑ 这道菜做好后放几个小时吃更加美味，可以前一天晚上做好，第二天当做便当菜。

ⓒ 红甜椒、小油菜、香菇可以换成自己喜欢的低糖蔬菜和菌菇类食材。

1/4 份

含糖量 3.9 克

蛋白质 9.8 克

热　量 569 千焦

（136 千卡）

羊肉

香草烤羊排

❄ 冷藏保存 2~3 天

材料 🌿

羊排…………180 克
滑子菇…………25 克
薄荷叶…………适量
迷迭香碎…………适量

调料 🌿

酱油…………1 小匙
橄榄油…………适量
白兰地…………适量
高汤…………适量
无糖烤肉酱…………适量

做法 🍴

1) 取榨汁机，倒入滑子菇和高汤，搅打成滑菇酱。

2) 处理好的羊排放入碗中，淋入少许橄榄油、白兰地、酱油，加入少许迷迭香碎和滑菇酱，用手抓匀，腌制半个小时。

3) 平底锅中加入橄榄油烧热，放入腌制好的羊排，煎出香味。

4) 待其表面呈焦黄时翻面，将两面煎好，关火。

5) 取一个盘子，用无糖烤肉酱做好装饰，将煎好的羊排盛出装入盘中。

6) 最后点缀上薄荷叶和迷迭香碎即可。

减糖诀窍

ⓐ 无糖烤肉酱可以购买市售的，也可以参考本书第四章中介绍的方法自己制作。

ⓑ 羊肉有一些腥膻味，可以添加香草、白兰地等来调和去味。

ⓒ 腌制的时间可以自己掌握，时间长更入味。

1/2 份

含糖量 0.8 克

蛋白质 20.4 克

热　量 1105 千焦

（264 千卡）

咖喱羊肉炒茄子

❄ 冷藏保存 4~5 天

 **材料** 🌿

羊肉·············350 克

茄子·················1 个

番茄···············1/2 个

香菜··············1 小把

调料 🌿

咖喱粉·············2 小匙

橄榄油·············1 大匙

盐 ·················少许

做法 🍴

1. 羊肉切成厚片，放入碗中，撒上少许盐、咖喱粉，拌匀，腌制片刻。

2. 茄子洗净，连皮一起滚刀切成块；香菜洗净，切成小段。

3. 番茄洗净，切碎，再用刀背按压成泥。

4. 平底锅中倒入橄榄油烧热，放入腌好的羊肉快炒片刻，再放入茄子一起炒。

5. 加入番茄泥一起熬煮，再加盐调味，最后撒上香菜即可。

风味鲜菇羊肉

1/4 份	
含糖量 **3.1** 克	
蛋白质 **19** 克	
热 量 **1017** 千焦 （243 千卡）	

材料 🌿

羊肉	350 克
蟹味菇	300 克
大蒜	1 瓣
欧芹	1 小把
番茄	1 个

调料 🌿

高汤	1 杯
盐	适量
辣椒粉	2 小匙
橄榄油	1 大匙

做法 🍴

1. 羊肉切成薄片，放入碗中，加入盐、辣椒粉，拌匀，腌制片刻。

2. 大蒜和欧芹分别切碎；蟹味菇洗净、分开。

3. 番茄切成小块，放入榨汁机，加入高汤搅打成糊。

4. 平底锅中倒入橄榄油烧热，放入大蒜爆香，再放入羊肉炒至变色。

5. 放入蟹味菇继续翻炒，加入番茄糊，熬煮片刻，加入少许盐调味，撒上欧芹碎即可。

红酒番茄烩羊肉

❄ 冷藏保存 3~4 天

材料 🌿

羊元宝肉	450 克
番茄	130 克
洋葱	90 克
滑子菇	25 克
姜块	25 克
蒜苔	35 克

调料 🌿

红酒	300 毫升
盐	4 克
黑胡椒	1 小匙
酱油	1 小匙
橄榄油	1 小匙
高汤	适量

做法 🍴

1. 滑子菇放入榨汁机中，倒入高汤，搅打成滑菇酱。

2. 羊肉切块；番茄、洋葱切块；蒜苔切成丁；姜切成片。

3. 热锅注水煮沸，放入羊肉，煮 2 分钟至变熟，捞起，放入盘中用凉水洗净。

4. 炒锅中注入橄榄油烧热，放入姜片爆香；放入羊肉炒香，倒入酱油，炒匀；注入红酒，焖煮 8 分钟。

5. 放入盐、黑胡椒，翻炒均匀；放入洋葱、番茄炒匀，再注入适量清水，炖煮片刻。

6. 注入备好的滑菇酱，再放入蒜苔，煮至汤汁浓稠即可。

减糖诀窍

这道菜利用含糖量很低的红酒，与天然增香蔬菜搭配，不用太多调味料就能获得层次丰富的口感，如增添滑嫩感的滑子菇、增添辛辣味的蒜苔、增添酸味的番茄。这种搭配方法也是烹制减糖饮食的秘诀之一，可避免使用过多调味料。

1/4 份

含糖量 **5.6** 克

蛋白质 **23.7** 克

热　量 **1398** 千焦

（334 千卡）

金针菇炒羊肉卷

❄ 冷藏保存 2~3 天

材料 🌿

羊肉卷 ………… 120 克
金针菇 ………… 180 克
干辣椒 ………… 30 克
姜片 ……………… 少许
蒜片 ……………… 少许
葱段 ……………… 少许
香菜段 …………… 少许

调料 🌿

白酒 ……………… 1 小匙
酱油 ……………… 2 小匙
老抽 …………… 1/2 小匙
蚝油 ……………… 1 小匙
盐 ………………… 4 克
白胡椒粉 ………… 适量
橄榄油 …………… 1 小匙

做法 🍴

①　洗净的金针菇切去根部。

②　洗净的羊肉卷切成片，装入碗中，淋入适量白酒、生抽、盐、白胡椒粉，拌匀，腌制片刻。

③　锅中注入清水大火烧开，倒入金针菇，搅匀，余煮至断生，捞出后沥干水分。

④　再倒入羊肉片，搅匀，余煮去杂质，捞出后沥干水分。

⑤　炒锅中注入适量橄榄油烧热，倒入姜片、蒜片、葱段，爆香；倒入干辣椒、羊肉片，快速翻炒匀；放入白酒、酱油、老抽、蚝油，翻炒均匀。

⑥　倒入金针菇，翻炒片刻；加入盐，翻炒调味；放入香菜段，翻炒出香味；关火后盛出装入盘中即可。

减糖诀窍

ⓐ 白酒的含糖量比料酒低，可以代替料酒为羊肉去除腥膻味，并使羊肉的纤维更容易熟烂。

ⓑ 羊肉与白胡椒的味道比较搭配，而不要选用黑胡椒。

ⓒ 金针菇富含膳食纤维，能够促进肠道蠕动，很适合与肉类搭配食用。

1/3 份

含糖量 **3.8** 克

蛋白质 **10.5** 克

热　量 **728** 千焦

（174 千卡）

鸡肉

鸡肉虾仁鹌鹑蛋沙拉

❄ 冷藏保存 2 天

材料

鸡胸肉 ·········· 150 克
虾仁 ············· 10 只
鹌鹑蛋 ··········· 8 个
西兰花 ·········· 1/3 棵
苦菊 ············· 1 小把

调料

沙拉酱 ··········· 2 大匙
柠檬汁 ··········· 1 小匙
盐、辣椒粉 ···· 各少许

做法 🍴

1) 鸡胸肉洗净，放入烧开的蒸锅中，蒸熟后取出晾凉，撕成条状。

2) 苦菊切成段，西兰花切成小朵，然后将两种菜下入沸水中，加少许盐，焯烫至熟，捞出沥干。

3) 用锅中的水将虾仁、鹌鹑蛋分别煮熟，将虾仁捞出过一遍凉水，鹌鹑蛋晾凉后剥去壳。

4) 取一个沙拉碗，放入鸡胸肉、虾仁、鹌鹑蛋、西兰花、苦菊，加入沙拉酱、柠檬汁、盐、辣椒粉，搅拌均匀，装盘即可。

减糖诀窍

ⓐ 沙拉酱的含糖量很少，可以放心食用。

ⓑ 制作这道沙拉可以任意选择喜欢的蔬菜。

ⓒ 鸡胸肉和鹌鹑蛋能提供足够的蛋白质。

ⓓ 可以将鹌鹑蛋对半切开，这样更入味，但保存的时间会相应缩短。

1/2 份

含糖量 **2.1** 克

蛋白质 **30.8** 克

热　量 **1231** 千焦

（294 千卡）

1/3 份
含糖量 **4.4** 克
蛋白质 **10.6** 克
热　量 **360** 千焦
（86 千卡）

海蜇黄瓜拌鸡丝

❄ 冷藏保存 2~3 天

 **材料** 🌿

鸡胸肉·········110 克
黄瓜·············180 克
海蜇丝·········220 克
蒜末·············少许
香菜·············适量

调料 🌿

盐·················2 克
醋·················1 小匙
酱油·············1 小匙
橄榄油·········1 小匙

做法 🍴

① 鸡胸肉用清水煮熟，晾凉后撕成丝。

② 洗净的黄瓜成丝，摆盘整齐，待用。

③ 热水锅中倒入洗净的海蜇，汆煮一会儿去除杂质，待熟后捞出汆好的海蜇，沥干水分。

④ 取一个大碗，倒入汆好的海蜇，放入鸡肉丝，倒入蒜末，加入盐、醋、橄榄油，用筷子将食材充分地拌匀。

⑤ 往黄瓜丝上淋入酱油，再将拌好的鸡丝海蜇倒在黄瓜丝上，点缀上香菜即可。

低糖炸鸡翅

1/2 份	
含糖量 **0.6** 克	
蛋白质 **31.7** 克	
热　量 **1712** 千焦	
（409 千卡）	

材料 🌿

鸡中翅 ………… 250 克
鸡蛋液 ………… 30 克
黄豆粉 ………… 50 克
香菜 …………… 适量

调料 🌿

盐 ……………… 2 克
胡椒粉 ……… 1/2 小匙
五香粉 ……… 1/2 小匙
酱油 …………… 1 小匙
食用油 ………… 适量

做法 🍴

① 洗净的鸡中翅两面切上一字花刀，以方便入味。

② 往鸡中翅上撒盐、胡椒粉、五香粉，淋上酱油，充分拌匀入味，腌制半小时。

③ 往腌制好的鸡中翅里淋上打散的鸡蛋液，倒入黄豆粉，用筷子充分拌匀，使得食材全部沾上黄豆粉，待用。

④ 热锅注入足量油，烧至七成热，放上鸡中翅，油炸至金黄色。

⑤ 将炸好的鸡中翅捞出，盛入备好的盘中，点缀上香菜即可。

酒香杏鲍菇炖鸡腿

❄ 冷藏保存 4~5 天

材料 🌿

鸡腿……………… 2 个
杏鲍菇 ……… 100 克
滑子菇 ……… 50 克
大蒜……………… 1 瓣
干辣椒 ………… 1 根
迷迭香 ………… 1 根

调料 🌿

白葡萄酒………4 大匙
橄榄油…………1 大匙
醋………………2 大匙
鸡汤……………… 1 杯
盐、胡椒粉………少许

做法 🍴

1） 鸡腿切成小块，放入碗中，加盐、胡椒，拌匀，腌制片刻。

2） 杏鲍菇切块；大蒜切末。

3） 滑子菇放入搅拌机，加入鸡汤一起搅打成酱。

4） 平底锅中倒入橄榄油烧热，放入鸡肉两面煎熟，待鸡肉煎出油脂后，放入大蒜末、干辣椒、迷迭香爆香。

5） 放入杏鲍菇炒至柔软，加醋调味，倒入白葡萄酒熬煮片刻。

6） 待酒精成分挥发后，倒入滑菇酱，继续熬煮至汤汁收干即可。

减糖诀窍

a 用滑子菇酱代替水淀粉，大大降低了这道菜的含糖量，却不失口感的嫩滑浓稠，是烹制减糖饮食的绝佳方法。

b 鸡肉本身含有油脂，因此煎鸡肉时不用放太多油。

c 如果没有白葡萄酒，也可以用白酒代替，但用量要稍微少一些。

1/4 份

含糖量 **1.8** 克

蛋白质 **22** 克

热　量 **1277** 千焦

（305 千卡）

魔芋泡椒鸡

材料

鸡胸肉 ·········· 120 克
魔芋 ············· 300 克
泡朝天椒圈 ······ 30 克
姜丝 ·············· 少许
葱段 ·············· 少许
香菜 ·············· 少许

调料

盐 ··················· 2 克
白胡椒粉 ··········· 4 克
辣椒油 ············ 1 小匙
酱油 ·············· 1 小匙
蚝油 ·············· 少许
橄榄油 ············ 1 小匙

做法

① 洗好的鸡胸肉切成丁，装入碗中，加入盐、白胡椒粉和橄榄油，用筷子搅拌均匀，腌制 10 分钟。

② 将魔芋切成块，另取一碗装好，倒入清水，浸泡 10 分钟，捞出装盘待用。

③ 用油起锅，依次倒入鸡肉、姜丝、泡朝天椒圈、魔芋块，炒匀。

④ 加入酱油，再注入适量清水，拌匀，中火焖 2 分钟至食材熟软。

⑤ 加入蚝油炒匀，倒入辣椒油，翻炒约 3 分钟至入味。

⑥ 关火后盛出炒好的菜肴，装入盘中，点缀上香菜即可。

减糖诀窍

魔芋是低糖、低热量的优质减肥食品，能为身体提供大量膳食纤维，使人迅速获得饱腹感。但需要注意，魔芋几乎不含蛋白质，在减糖饮食期间如果选择魔芋，务必搭配含蛋白质的食物一起食用。

1/2 份

含糖量 **1.1** 克

蛋白质 **15.6** 克

热　量 **477** 千焦

（114 千卡）

绞肉

味噌葱香肉丸

❄ 冷藏保存 4~5 天

材料 🌿

鸡绞肉 ………… 600 克
嫩青葱碎 ……… 4 大匙
生姜泥 ………… 1 小匙

调料 🌿

盐 ……………… 1 小匙
味噌 …………… 3 大匙
罗汉果代糖 …… 1 大匙
辣椒粉 ………… 少许
食用油 ………… 适量

做法 ✗

① 取一个小碗，放入味噌、罗汉果代糖、辣椒粉，再加入 2 小匙清水，搅拌均匀成酱汁。

② 另取一个大碗，放入鸡绞肉、嫩青葱碎、生姜泥、盐、1/2 杯水，充分搅拌均匀。

③ 将拌好的肉泥捏成丸子。

④ 平底锅中倒入食用油烧热，下入丸子，两面煎熟。

⑤ 加入事先调好的酱汁，熬煮至丸子入味即可。

减糖诀窍

ⓐ 罗汉果代糖具有甜味，但是不含糖分，是非常好的白砂糖替代品，也可以用甜菊糖来代替，使这道美味甜辣交错，别具一格。

ⓑ 如果不喜欢吃甜味的丸子，可以加入少许酱油。

1/4 份

含糖量 5.8 克

蛋白质 33.2 克

热　量 1277 千焦

（305 千卡）

番茄奶油肉丸

❄ 冷藏保存 4~5 天

材料

综合绞肉········500 克
番茄············1 个
生姜············10 克
大蒜············2 瓣
香叶············2 片
香菜············少许

调料

盐·············适量
黑胡椒··········适量
橄榄油··········1 大匙
鲜奶油··········1/4 杯
奶酪粉··········适量

做法 ✗

1. 生姜、大蒜切末；番茄切成碎；香菜切碎。

2. 绞肉加 1 小匙盐拌匀，再加姜末、黑胡椒、半杯清水，沿着一个方向搅拌，使肉上劲，然后捏成肉丸的形状。

3. 在平底锅中倒入橄榄油烧热，下入肉丸，用筷子轻轻翻转，直至肉丸煎熟，盛出。

4. 用锅中剩余的油爆香蒜末、香叶，再将肉丸倒回锅中，加入番茄碎，熬煮 1 分钟后，再加入鲜奶油熬煮；最后加入盐、黑胡椒调味，撒上奶酪粉、香菜碎即可。

青菜卷鸡肉松

❄ 冷藏保存 4~5 天

1/6 份
含糖量 **9.3** 克
蛋白质 **13** 克
热 量 **640** 千焦 （153 千卡）

材料

鸡绞肉 ·········· 400 克
生姜 ·············· 5 克
青菜叶 ··········· 适量
洋葱 ············· 1/4 个
葱花 ············· 少许

调料

酱油 ············· 2 大匙
剁椒 ············· 1 小匙
盐 ················ 少许

做法 🍴

1) 生姜切成末；洋葱切成丝。

2) 将平底锅烧热，倒入鸡肉松，小火慢炒，再加入生姜、酱油、剁椒、盐继续翻炒。

3) 待鸡肉松变成颗粒状后，撒上少许葱花略炒一下，即可起锅。

4) 用洗净的青菜叶包裹住炒好的鸡肉松即可食用。

肉馅酿香菇

材料

综合绞肉·········90 克
香菇···········100 克
葱花·············少许
姜末·············少许
朝天椒圈·········少许

调料

盐··············1 克
胡椒粉···········1 克
酱油···········1 小匙

做法 ✗

① 取一个碗，放入综合绞肉，倒入葱花、姜末，加入酱油、盐、胡椒粉，拌匀，腌制 10 分钟至入味。

② 洗净的香菇上放入适量腌好的绞肉，再放上朝天椒圈，制成肉馅酿香菇生坯。

③ 备好烤箱，取出烤盘，放入生坯，将烤盘放入烤箱。

④ 将上下火温度调至 200℃，烤 20 分钟至食材熟透。

⑤ 待时间到，取出烤盘，将烤好的肉馅酿香菇装盘即可。

减糖诀窍

ⓐ 这道菜可以任意换成牛肉馅、猪肉馅，味道都十分不错。

ⓑ 如果家里没有烤箱，也可以将制好的香菇生坯放入蒸锅内蒸熟。

ⓒ 这道菜适合当做便当菜，可以一次多做一些，每次往便当中放几个即可，注意计算好含糖量。

1/2 份

含糖量 **0.5** 克

蛋白质 **10.2** 克

热　量 **255** 千焦

（61 千卡）

香菠腊肠

❄ 冷藏保存 3~4 天

■材料 🌿

腊肠·············50 克

菠萝·············60 克

熟花生米········30 克

红甜椒··········30 克

青椒············30 克

■调料 🌿

盐··············3 克

橄榄油·········1 小匙

做法 ✗

① 洗净去籽的红甜椒切菱形块；洗净去籽的青椒切菱形块；处理好的菠萝切小块；腊肠斜刀切成片。

② 平底锅中注入适量橄榄油烧热，放入青椒、红椒、爆香，再倒入腊肠、菠萝块，快速翻炒均匀。

③ 注入少许清水，翻炒匀后再放入盐，翻炒调味。

④ 将煮好的食材盛出装入盘中，再撒上熟花生米即可。

--- 减糖诀窍 ---

ⓐ 这道美味中加入了含有糖分的水果以及熟花生米，可以在减量期作为零食偶尔食用，改换一下口味，但食用前需计算一下含糖量，不要让当日摄取的总含糖量超标。

ⓑ 菠萝中含有一种蛋白酶，有助于消化蛋白质类食物。

1/3 份

含糖量 **9.5** 克

蛋白质 **6.3** 克

热　量 **766** 千焦

（183 千卡）

火腿奶酪芹菜卷

❄ 冷藏保存 2~3 天

材料 🌿

方火腿	300 克
奶酪	150 克
芹菜	2 株
紫甘蓝	1/8 棵
黄甜椒	1/2 个
大蒜	1 瓣

调料 🌿

盐	适量
黑胡椒	适量
橄榄油	少许

做法 ✗

① 方火腿切成薄片，芹菜切成与火腿片差不多宽的段。

② 紫甘蓝切丝；黄甜椒切粗丝；大蒜切末。

③ 锅中注入适量清水烧开，放入芹菜，加少许盐，焯熟后捞出，沥干水分。

④ 将奶酪放入微波炉，加热 20 秒后取出，趁热加入蒜末、黑胡椒，搅拌均匀。

⑤ 取一片火腿，抹上一层调好味的奶酪，再放上适量芹菜、紫甘蓝、黄甜椒，卷成卷，将剩余的火腿片用同样的方法卷好即可。

1/2 份

含糖量 **1.3** 克

蛋白质 **20.7** 克

热　量 **1088** 千焦

（260 千卡）

培根炒菠菜

❄ 冷藏保存 1~2 天

材料

培根·············200 克
菠菜·············165 克
蒜片·················少许

调料

盐 ·····················2 克
酱油·············1 小匙
白胡椒粉·····1/2 小匙
橄榄油·········1 大匙

做法 ✗

1) 洗好的菠菜切成段；培根切成片。

2) 平底锅中注入适量橄榄油烧热，倒入蒜片，爆香；倒入切好的培根，翻炒片刻；加入酱油、白胡椒粉，翻炒均匀。

3) 放入菠菜段，快速翻炒至变软。

4) 放入盐，翻炒入味。

5) 关火后将炒好的培根菠菜盛出，装入盘中即可。

西班牙香肠

❄ 冷藏保存 4~5 天

材料

西班牙香肠····200 克
紫洋葱··········50 克
欧芹·············10 克
蒜末·············适量
香叶·············1 片

调料

橄榄油·········2 小匙
红葡萄酒·······2 小匙
胡椒粉·········1/2 小匙

做法

1) 香肠切成厚薄均匀的片状；洋葱洗净切丝；欧芹洗净切碎。

2) 平底锅中注入橄榄油烧热，放入蒜末、香叶爆香；放入香肠翻炒均匀，淋入红葡萄酒，焖煮 2 分钟。

3) 放入洋葱丝翻炒至熟，加入胡椒粉调味。

4) 盛出装盘，撒上欧芹碎即可。

减糖诀窍

a 西班牙萨拉米香肠没有经过任何烹饪加工，只经过发酵和风干程序，因此含糖量较低，每 100 克萨拉米香肠含糖量仅为 1.4 克，非常适合作为减糖饮食的原料。

b 如果选用其他香肠，要注意其在加工过程中是否添加糖及淀粉。

1/4 份

含糖量 **1.9** 克

蛋白质 **14.0** 克

热　量 **975** 千焦

（233 千卡）

水产类糖与蛋白质含量

　　鱼类和海鲜的含糖量很少，尤其是秋刀鱼等海鱼含有减肥时所需的 $\Omega-3$ 脂肪酸，它是一种对人体有益的不饱和脂肪酸，有调节血脂、保护心血管的作用。以下为每 100 克鱼或海鲜的含糖量与蛋白质含量。

淡水鱼

大部分淡水鱼的含糖量为 0，在减糖饮食中可以任意选择食用。一些淡水鱼具有特殊的营养保健价值，如黄鳝富含维生素 B_2，鲤鱼有利水、消肿及通乳的作用等。

草鱼
含糖量 0 克
蛋白质 16 克

三文鱼
含糖量 0.1 克
蛋白质 22 克

三文鱼

三文鱼也叫"鲑鱼"，含有不饱和脂肪酸、优质蛋白、维生素 D 以及多种矿物质，还富含花青素和花色素苷，有抗氧化和抗老化的作用。

金枪鱼

金枪鱼也叫"鲔鱼"，富含 DHA 和 EPA 等 $\Omega-3$ 脂肪酸，与三文鱼相比，金枪鱼的肉色偏红。其铁含量尤其丰富，另外还含有维生素 D、维生素 E、锌等。

金枪鱼
含糖量 0.1 克
蛋白质 22 克

秋刀鱼
含糖量 0.1 克
蛋白质 19 克

秋刀鱼

秋刀鱼富含 DHA 和 EPA，营养价值很高，而且价格低廉，是性价比佳的海鱼，不仅能保护心血管的健康，还有养颜美容的效果。

银鳕鱼
含糖量 0.1 克
蛋白质 18 克

银鳕鱼

银鳕鱼、鲷鱼、比目鱼、鲽鱼等白肉鱼，都是低脂肪、高蛋白鱼类，有养护肝脏的作用，能预防饮酒过量造成的脂肪肝。

虾、鱿鱼、章鱼

这三种海鲜都是低脂肪、高蛋白而且几乎不含糖分的优质食材，很适合当做减肥期间的食材选择。不仅健康营养，而且味道好，容易产生饱足感。

虾
含糖量 0 克
蛋白质 22 克

鱿鱼
含糖量 0.4 克
蛋白质 18 克

章鱼
含糖量 0.1 克
蛋白质 16 克

花蛤
含糖量 0.4 克
蛋白质 6 克

贝类

贝类不仅含糖量低，其总热量也非常低。花蛤的铁质含量丰富，蚬具有恢复疲劳的作用，这些营养素大多溶于水，因此熬煮贝类的汤也可一起饮用。

鱼类加工品

鱼类加工品包括烟熏、水煮或油浸的鱼罐头，不仅容易保存，而且便于随时食用，为身体补充营养。选购之前要仔细确认其添加成分中是否含有糖分。

烟熏三文鱼
含糖量 0.1 克
蛋白质 26 克

烧烤秋刀鱼

❆ 冷藏保存 4~5 天

材料 🌱

秋刀鱼肉········300 克
柠檬·············20 克

调料 🌱

盐·····················2 克
酱油···············1 小匙
橄榄油···········1 小匙
食用油···········少许

做法 🍴

1) 将洗净的秋刀鱼肉切段，再切上花刀，放盘中，加入盐、酱油、橄榄油，拌匀，腌制约 10 分钟。

2) 烤盘中铺好锡纸，刷上底油，放入腌制好的鱼肉，摆放好，在鱼肉上抹上食用油。

3) 将烤盘放进预热好的烤箱中，调温度为 200℃，烤约 10 分钟，至食材熟透。

4) 待时间到，取出烤盘，稍微冷却后将烤好的鱼装在盘中。

5) 在盘子边放上柠檬块，吃之前依个人口味挤上少许柠檬汁即可。

减糖诀窍

a 秋刀鱼的含糖量很低，但由于含有较多脂肪酸，因此热量稍高，吃完之后有很强的饱腹感，建议每次食用不超过一条。

b 秋刀鱼的腥味较重，而且油脂含量高，柠檬汁具有去腥、解腻的作用。

c 秋刀鱼很容易熟，烹制时不要加热太久，以免破坏其中的营养成分。

1/3 份

含糖量 **0.7** 克

蛋白质 **19.1** 克

热　量 **1335** 千焦

（319 千卡）

1/2 份
含糖量 **0.8** 克
蛋白质 **16.7** 克
热　量 **590** 千焦 （141 千卡）

香煎鳕鱼佐时蔬

❄ 冷藏保存 3~4 天

 **材料**

银鳕鱼 ············· 2 块
圣女果 ············· 5 个
柠檬 ············· 1/4 个
紫苏叶 ············· 3 片

调料

橄榄油 ············· 1 大匙
白葡萄酒 ········· 2 小匙
辣椒粉 ········· 1/2 小匙
盐 ··················· 少许

做法 ✕

①　在平底锅中倒入橄榄油烧热，放入银鳕鱼煎片刻。

②　倒入白葡萄酒，放入紫苏叶，继续煎至鳕鱼两面微黄。

③　撒上盐、辣椒粉调味，盛出装盘。

④　圣女果对半切开，和柠檬一起摆盘，食用时挤上柠檬汁即可。

三文鱼泡菜铝箔烧

❄ 冷藏保存 4~5 天

1/2 份

含糖量 **5.8** 克

蛋白质 **30.1** 克

热　量 **896** 千焦

（214 千卡）

 **材料** 🌿

三文鱼 ·········· 250 克
韭菜、洋葱 ··· 各 60 克
泡菜 ············· 100 克
红椒丝 ············· 10 克
葱花、白芝麻·· 各适量

调料 🌿

盐 ······················ 2 克
白胡椒粉 ············· 2 克
酱油 ············· 1 小匙
白兰地 ··········· 1 小匙
辣椒酱 ··············· 适量
橄榄油 ··········· 1 小匙

做法 🍴

1) 洋葱切成丝；韭菜两端修齐，切成小段；三文鱼斜刀切成片。

2) 碗里放入盐、白胡椒粉、白兰地、酱油、辣椒酱，搅拌均匀。

3) 再往碗中放入三文鱼片、泡菜、韭菜、白洋葱、橄榄油拌匀。

4) 将锡纸四周折叠起来做成一个碗，将拌好的料全部倒入锡纸碗内。

5) 将锡纸放入平底锅内，注入约 2 厘米高的清水，用中火焖制 12 分钟，取出后撒上葱花、白芝麻、红椒丝即可。

双椒蒸带鱼

❄ 冷藏保存 4~5 天

1/3 份
含糖量 **4.0** 克
蛋白质 **16.9** 克
热　量 **573** 千焦（137 千卡）

材料

带鱼…………250 克
泡椒…………40 克
剁椒…………40 克
葱丝…………10 克
姜丝…………5 克

调料

盐……………2 克
白酒…………2 小匙
橄榄油………1 小匙

做法

1） 带鱼处理好，切成段，放入碗中，加盐、白酒、姜丝，拌匀，腌制 5 分钟。

2） 将备好的泡椒切去蒂，切碎备用。

3） 将泡椒、剁椒一样一半，分别倒在带鱼上面。

4） 蒸锅中加入适量清水烧开，放入带鱼，大火蒸约 10 分钟。

5） 待时间到，将带鱼取出。

6） 热锅中注入橄榄油烧至微温，放入葱丝，将油烧至八成热后浇在带鱼上即可。

泰式柠檬蒸鲈鱼

❄ 冷藏保存 1~2 天

1/3 份

含糖量 **1.3** 克

蛋白质 **37.7** 克

热 量 **946** 千焦
（226 千卡）

 材料 🌱

鲈鱼	400 克
柠檬	半个
剁椒	15 克
姜末	10 克
香菜	5 克

调料 🌱

盐	3 克
白酒	1 小匙
鱼露	1/2 小匙
橄榄油	1 小匙

做法 🍴

① 处理好的鲈鱼两面划上几道一字花刀，再往鲈鱼两面撒上盐，淋上白酒，抹匀，腌制 10 分钟。

② 将备好的半个柠檬的汁全部挤到碗中，再倒入剁椒、姜末、鱼露、橄榄油，充分拌匀，制成调味酱。

③ 将腌制好的鲈鱼的水分倒出，淋上制作好的调味酱。

④ 蒸锅中注入适量清水烧开，放入鲈鱼，大火蒸 10 分钟；待时间到，将蒸好的鲈鱼取出，撒上香菜即可。

烤黑芝麻龙利鱼

❄ 冷藏保存 4~5 天

材料 🌿

龙利鱼 ………… 300 克
鸡蛋液 ………… 50 克
黑芝麻 ………… 10 克

调料 🌿

盐 ……………… 3 克
黑胡椒粉 ……… 2 小匙
白兰地 ………… 1 小匙
柠檬汁 ………… 60 毫升
橄榄油 ………… 1 小匙

做法 🍴

① 龙利鱼切段，放入碗中，加白兰地、柠檬汁、胡椒粉、盐，腌制 10 分钟。

② 另取一个小碗，打入鸡蛋，搅散，再倒入盘中待用。

③ 热锅注油烧热，放入龙利鱼，煎至六成熟。

④ 将煎好的鱼放入鸡蛋液中，倒入黑芝麻，拌匀。

⑤ 往备好的烤盘中刷上一层橄榄油，放上龙利鱼，再放入烤箱中，温度调至200℃，烤 10 分钟即可。

减糖诀窍

ⓐ 黑芝麻的含糖量较低，2 小匙左右的黑芝麻含糖量约为 1 克，它能为身体补充优质蛋白质、脂肪酸以及多种抗氧化物质，还能够补充能量、延缓衰老，在制作减糖饮食时建议经常使用。

ⓑ 龙利鱼肉质鲜嫩，几乎没有鱼腥味，能为身体补充优质蛋白质。

1/3 份

含糖量 0.4 克

蛋白质 12.1 克

热　量 515 千焦

（123 千卡）

魔芋丝香辣蟹

❄ 冷藏保存 2~3 天

材料

螃蟹	500 克
魔芋丝	280 克
绿豆芽	80 克
花椒	15 克
干辣椒	15 克
姜片	少许
葱段	少许
香菜	少许

调料

盐	2 克
辣椒酱	2 大匙
白酒	1 小匙
辣椒油	1 小匙
橄榄油	1 小匙

做法

① 洗净的螃蟹开壳，去除腮、心等，斩成块，洗净待用。

② 热锅注油烧热，倒入花椒、姜片、葱段、干辣椒、辣椒酱，爆锅后再倒入螃蟹，快速翻炒片刻，淋入少许白酒。

③ 在锅内注入少许清水，倒入魔芋丝，翻炒片刻，用大火焖 5 分钟至熟。

④ 倒入备好的绿豆芽，加入少许盐，搅匀调味，放入些许辣椒油，翻炒至绿豆芽熟。

⑤ 关火后将炒好的菜装入盘中，点缀上香菜即可。

减糖诀窍

ⓐ 这道菜口味偏辣，可以加快身体的新陈代谢速度，有助于减肥。

ⓑ 辣椒酱不要选择加了甜味的，如韩式辣酱、泰式甜辣酱等，最好选择传统的中式辣酱。

ⓒ 螃蟹性寒，加入花椒、干辣椒、白酒之后可以中和螃蟹的寒性。

1/2 份

含糖量 6.4 克

蛋白质 25.6 克

热　量 887 千焦
（212 千卡）

1/4 份
含糖量 **0.9** 克
蛋白质 **11.7** 克
热 量 **440** 千焦
（105 千卡）

夏威夷蒜味虾

❄ 冷藏保存 4~5 天

材料 🌿

白虾·············· 20 只
大蒜·············· 2 瓣
柠檬·············· 1/4 个

调料 🌿

辣椒粉 ············ 适量
奶油 ············· 10 克
橄榄油 ··········· 1 大匙
盐 ·············· 少许

做法 ✗

① 白虾切开虾背，去除虾线。

② 大蒜切碎。

③ 平底锅中倒入橄榄油烧热，放入处理好的虾，炒出香气后转成小火。

④ 加入大蒜和奶油，继续翻炒。

⑤ 待大蒜炒成黄色后，挤入柠檬汁，加入盐、辣椒粉调味即可。

新奥尔良煎扇贝

❄ 冷藏保存 3~4 天

1/3 份

含糖量 **1.1** 克

蛋白质 **3.7** 克

热 量 **172** 千焦

（41 千卡）

 材料 🌿

扇贝····3 个（60 克）

蟹味菇···········50 克

洋葱碎···········10 克

蒜末···············10 克

柠檬···············1 片

生菜叶···········3 片

调料 🌿

新奥尔良粉·····4 小匙

辣椒粉···········1 小匙

白葡萄酒········1 小匙

橄榄油···········1 小匙

做法 🍴

1) 在盘中放上扇贝肉，撒上适量新奥尔良粉，挤上柠檬汁，拌匀；再淋上白葡萄酒、橄榄油，拌匀，腌制 10 分钟。

2) 平底锅中注入适量橄榄油烧热，倒入蒜末、洋葱碎，炒香；倒入蟹味菇，炒匀，盛入碗中。

3) 另起锅，倒入少许橄榄油烧至微温，放入扇贝肉，煎至焦黄色，盛入碗中。

4) 另取一盘，将生菜叶和扇贝壳摆放在盘中，往扇贝壳中放入煮好的蟹味菇和煎好的扇贝肉，撒上少许辣椒粉即可。

花蛤五花肉泡菜汤

❄ 冷藏保存 2~3 天

材料 🌱

花蛤	150 克
豆腐	150 克
五花肉	100 克
黄豆芽	100 克
泡菜	80 克
韭菜	20 克
大葱段	少许
大蒜	少许

调料 🌱

酱油	1 小匙
醋	1/2 小匙
橄榄油	1 小匙

做法 🍴

1） 洗净的大葱段斜刀切片；处理好的大蒜切片；洗好的韭菜切小段；洗净的五花肉切片；豆腐切块。

2） 橄榄油起锅，放入切好的五花肉片，煸炒片刻；放入蒜片、大葱片，炒出香味；加入泡菜，炒匀。

3） 注入约 300 毫升清水，倒入处理干净的花蛤，煮约 1 分钟至沸腾。

4） 放入洗净的黄豆芽，搅匀；放入豆腐块，轻轻搅匀；倒入韭菜，加入酱油、醋，搅匀，煮约 1 分钟至入味即可。

鱿鱼茶树菇

❄ 冷藏保存 3~4 天

1/2 份

含糖量 **0.8** 克

蛋白质 **10.5** 克

热 量 **448** 千焦

（107 千卡）

材料 🌿

鱿鱼…………100 克

茶树菇…………90 克

姜片……………少许

蒜末……………少许

葱段……………少许

调料 🌿

盐………………3 克

橄榄油…………1 小匙

做法 ✗

1) 处理干净的鱿鱼两面切十字花刀后再切成片；洗好的茶树菇切成两段。

2) 沸水锅中倒入切好的鱿鱼，汆烫片刻至鱿鱼变卷，捞出，沥干水分，待用。

3) 锅中继续倒入切好的茶树菇，汆烫约 1 分钟至断生，捞出，沥干水分，待用。

4) 用油起锅，倒入姜片和蒜末，爆香；放入汆烫好的鱿鱼和茶树菇，快速翻炒。

5) 加入盐，炒匀；倒入葱段，拌匀，盛出装盘即可。

日式梅干沙司拌章鱼秋葵

材料 🌿

章鱼············120 克
豆苗············100 克
秋葵·············3 个
盐渍梅干·········2 个
朝天椒圈·········4 克
木鱼花···········适量

调料 🌿

高汤············1 大匙
橄榄油··········1 小匙

做法 🍴

① 洗净的豆苗切小段；秋葵洗好，去柄、头、尾切片。

② 洗净的章鱼将头部和须分离，章鱼须切开，切小段；划开章鱼头，取出杂质，洗净后切条。

③ 锅中注水烧开，放入章鱼，汆烫1分钟至熟，关火后捞出，过一遍凉水。

④ 取一个大碗，倒入橄榄油、高汤、木鱼花、盐渍梅干，拌匀；倒入凉透的章鱼，加入秋葵片，拌匀。

⑤ 另取一盘子，铺上豆苗段，再倒入拌匀的食材，撒上朝天椒圈即可。

减糖诀窍

ⓐ 章鱼的含糖量非常低，每100克仅含0.1克糖分，是减糖饮食的优质食材。

ⓑ 选择梅干时要注意，千万不要选择用糖腌制的。日式盐渍梅干比较咸，因此这道沙拉可以不用另外放盐。

ⓒ 将烫熟的章鱼立即过一遍凉水，吃起来会更有嚼劲。

1/4 份

含糖量 0.7 克

蛋白质 6.9 克

热　量 201 千焦
（48 千卡）

蛋白类糖和蛋白质含量

　　蛋类的含糖量很低，又富含蛋白质，是营养丰富的优良食物。豆腐以及其他大豆制品可以帮助人体轻松摄取到植物性蛋白质，来补充动物性蛋白质的不足。以下为每100克蛋类或豆制品的含糖量与蛋白质含量。

鸡蛋

鸡蛋含糖量低，蛋白质含量丰富，而且具有除维生素C、膳食纤维之外的几乎所有营养素。在进行减糖饮食的瘦身过程中，最好每天摄取适量鸡蛋。

鸡蛋　1个
含糖量 0.2 克
蛋白质 6 克

手工豆腐　1块
（约300克）
含糖量 3.6 克
蛋白质 20 克

豆腐

豆腐的含糖量不高，尤其是质地较粗的手工豆腐，其含糖量比嫩豆腐更低，同时蛋白质和钙的含量却很丰富。

内酯豆腐　1块
（约300克）
含糖量 5.1 克
蛋白质 15 克

冻豆腐

将手工豆腐冷冻干燥之后，就可得到冻豆腐。冻豆腐更加有利于消化，营养也浓缩其中。冻豆腐很适合煮汤，能充分吸收汤汁和味道，储存起来也比豆腐方便。

冻豆腐　1块
（约20克）
含糖量 0.8 克
蛋白质 10 克

油豆腐

油豆腐 1块
（约30克）
含糖量 0.8 克
蛋白质 14 克

油豆腐的脂肪含量适中，比普通的豆腐更有嚼劲，当成主菜吃很有饱足感，而且很适合搭配肉类、蔬菜等各种食材，可用凉拌、炒制、煮汤等手法烹饪。

腐竹

腐竹便于贮存，烹饪方法简单，适合搭配多种食材。虽然干腐竹的糖类、蛋白质含量及热量偏高，但做成菜时水分率上升较多，热量下降，可适量食用。

腐竹 1根
（约20克）
含糖量 4.1 克
蛋白质 9 克

豆浆 1杯
（约200毫升）
含糖量 5.8 克
蛋白质 7 克

豆浆

豆浆富含大豆异黄酮，蛋白质含量比牛奶更高，适当充当日常饮品或烹饪材料，购买时注意选择无糖的豆浆。

豆渣

豆渣是黄豆打成豆浆后剩下的部分，含有丰富的膳食纤维，对改善便秘有帮助，在减糖饮食中可代替小麦粉或面包粉。

豆渣每 100 克
含糖量 2.3 克
蛋白质 6 克

纳豆 1包
（约50克）
含糖量 2.7 克
蛋白质 8 克

纳豆

纳豆是大豆发酵食品的代表，一包纳豆的含糖量低于 5 克，减肥期间可经常食用，而且纳豆中的菌类有利于肠道健康，可防止便秘型肥胖。

蛋类

香滑蛤蜊蛋羹

材料 🌿

蛤蜊·············150 克
鸡蛋液·········100 克
火腿·············30 克
葱花·············少许

调料 🌿

盐·····················2 克

做法 🍴

1. 将火腿切成丁。

2. 将鸡蛋液倒入备好的大碗中，加盐，注入适量的温水，打散。

3. 将鸡蛋液倒入备好的盘中，放上备好的蛤蜊、火腿，包上一层保鲜膜，待用。

4. 电蒸锅注水烧开，放上食材，蒸 12 分钟。

5. 取出蒸好的食材，撕开保鲜膜，撒上葱花即可。

减糖诀窍

a. 蛤蜊、鸡蛋、火腿都是富含蛋白质的低糖食材，这道减糖菜品不仅含糖量低，而且营养丰富，但需要搭配蔬菜类菜品一起食用。

b. 在搅打好的鸡蛋液中加入少许 40℃左右的温水，可以使蒸出来的鸡蛋羹更滑嫩。

c. 蒸鸡蛋羹之前，用保鲜膜将蒸碗包起来，这样蒸出的鸡蛋羹表面平滑。

扫一扫二维码
观看做菜视频

鸡蛋狮子头

❄ 冷藏保存 4~5 天

1/4 份

含糖量 **0.5** 克

蛋白质 **15.1** 克

热　量 **1473** 千焦

（352 千卡）

 **材料** 🌿

五花肉末……… 180 克

去壳熟鸡蛋…… 4 个

上海青………… 40 克

滑子菇………… 25 克

姜末、蒜末…各少许

调料 🌿

盐………………… 4 克

胡椒粉………1/2 小匙

五香粉…………2 小匙

酱油、老抽…各少许

食用油…………适量

高汤……………适量

做法 🍴

① 滑子菇与高汤一起搅打成滑菇酱。

② 五花肉末装碗，放入姜末、蒜末、少许盐、胡椒粉、酱油、1 小匙五香粉、滑菇酱，拌匀，腌制 10 分钟。

③ 将去壳鸡蛋用腌好的肉末均匀包裹住，制成鸡蛋狮子头生坯。

④ 热锅中注入足量油，烧至七成热，放入生坯炸约 2 分钟至表皮微黄，捞出。

⑤ 蒸盘中倒入少许凉开水，加入老抽、剩下的盐、五香粉，拌匀；再放入狮子头，蒸 30 分钟，与烫熟的上海青一起装盘即可。

焗口蘑鹌鹑蛋

❄ 冷藏保存 4~5 天

1/4 份

含糖量 **0.6** 克

蛋白质 **36.3** 克

热 量 **506** 千焦
（121 千卡）

 材料 🌿

鹌鹑蛋 ············ 10 个
口蘑 ············ 20 个
奶酪碎 ·········· 2 大匙
蒜末 ············ 少许
香菜 ············ 适量
黑橄榄 ·········· 适量

调料 🌿

盐 ············ 2 克
黑胡椒粉 ········ 1 小匙
橄榄油 ·········· 1 小匙

做法 🍴

1. 将一半口蘑去蒂，挖空，在挖空的口蘑中打入鹌鹑蛋；另一半口蘑切成碎末。

2. 平底锅中倒入橄榄油烧热，下入蒜末，炒出香味；倒入口蘑碎，翻炒均匀；加入黑胡椒粉、盐，炒匀调味。

3. 将炒好的馅料填入口蘑中，再放上少许奶酪碎。

4. 将口蘑放入预热好的烤箱中，将火调至150℃，烤 15 分钟至熟。

5. 取出烤好的口蘑，装入盘中，点缀上香菜、黑橄榄即可。

滑子菇煎蛋

❄ 冷藏保存 2~3 天

材料

鸡蛋·················3 个
滑子菇···········80 克
香菜··············1 小把

调料

盐·····················少许
橄榄油···········1 小匙

做法 🍴

① 香菜洗净，切成小段；滑子菇洗净；将鸡蛋磕入碗中，放入少许盐，搅散拌匀，制成鸡蛋液。

② 锅中倒入适量清水烧开，放入滑子菇，加少许盐、橄榄油，焯煮约 1 分钟至断生，捞出，沥干备用。

③ 平底锅中注入适量橄榄油烧热，倒入鸡蛋液，将蛋液铺平，再快速倒入滑子菇和香菜，用煎锅铲子轻轻压紧实，煎至金黄时翻面。

④ 待两面煎好后盛出砧板中，稍微放凉，切成块状，装入盘中即可。

韭菜咸蛋肉片汤

❄ 冷藏保存 2~3 天

1/2 份

含糖量 **1.9** 克

蛋白质 **18.7** 克

热　量 **929** 千焦

（222 千卡）

材料

瘦肉·············100 克
韭菜··············30 克
咸蛋黄·············2 个
豆腐·············200 克

调料

盐··················3 克
胡椒粉·········1/2 小匙
橄榄油···········1 小匙

做法 ✖

1) 洗净的瘦肉切薄片，装入碗中，加入少许盐、胡椒粉，拌匀，腌制片刻，待用。

2) 将洗净的韭菜切成段；洗净的豆腐切块；咸蛋黄放碗中，用筷子夹散开。

3) 橄榄油起锅，倒入瘦肉，翻炒片刻至断生，倒入约 600 毫升清水，用大火煮沸。

4) 加入豆腐、韭菜和咸蛋黄，轻轻拌匀，煮至食材熟透。

5) 加入适量盐，用锅勺拌匀调味，盛出装入碗中即成。

大豆制品

麻婆豆腐

❄ 冷藏保存 3~4 天

材料 🌱

豆腐	400 克
鸡汤	2 杯
蒜末	15 克
葱花	10 克

调料 🌱

花椒粉	1 小匙
豆瓣酱	2 大匙
酱油	1 小匙
橄榄油	1 小匙

做法 ✗

1) 洗净的豆腐切成小块，放在备有清水的碗中，浸泡待用。

2) 热锅注水烧热，将豆腐放入锅中，焯水2分钟，倒出备用。

3) 热锅注油烧热，放入豆瓣酱炒香；放入蒜末炒出香味；倒入鸡汤拌匀烧开，再倒入酱油，翻炒均匀。

4) 放入豆腐烧开，撒入花椒粉，搅拌均匀调味。

5) 出锅前撒入葱花，使得菜色更美观。

减糖诀窍

a 制作麻婆豆腐最好选择手工豆腐或北豆腐，这种豆腐质地坚实，耐炖煮，因此可以多煮几分钟，使豆腐更入味。

b 用自己熬煮的鸡汤作为调味料，不仅含糖量低，而且营养美味。在减糖饮食期间，冰箱中可以常备一些自制鸡汤（无需加任何调料），如果想长期保存，就冻成冰块，每次取出几块使用。

1/4 份

含糖量 **2.4** 克

蛋白质 **9.3** 克

热　量 **184** 千焦

（44 千卡）

1/2 份	
含糖量	**5.3** 克
蛋白质	**8.0** 克
热　量	**477** 千焦
	（114 千卡）

红油皮蛋拌豆腐

❄ 冷藏保存 1~2 天

 材料 🌿

皮蛋	2 个
豆腐	200 克
蒜末	少许
葱花	少许

调料 🌿

盐	2 克
鸡粉	2 克
醋	1/2 小匙
红油	1 小匙
酱油	1/2 小匙

做法 ✗

① 洗好的豆腐切成小块。

② 去皮的皮蛋切成瓣，摆入盘中，备用。

③ 取一个碗，倒入蒜末、葱花，加入少许盐、鸡粉、酱油，再淋入少许醋、红油，调匀，制成味汁。

④ 将切好的豆腐放在皮蛋上，浇上调好的味汁，撒上葱花即可。

凉拌油豆腐

1/4 份	
含糖量 **0.1** 克	
蛋白质 **3.9** 克	
热 量 **322** 千焦	
（77 千卡）	

材料 🌱

油豆腐·········110 克
香菜···············少许
姜末···············少许
葱花···············少许

调料 🌿

盐·····················1 克
酱油···············1 小匙
香油···············1 小匙

做法 🍴

① 油豆腐对半切开。

② 沸水锅中倒入切好的油豆腐，余煮约 1 分钟至熟，捞出，沥干水分，装盘，放凉待用。

③ 将放凉的油豆腐装碗，放入姜末、葱花，加入盐、酱油、香油，搅拌均匀。

④ 将拌匀的油豆腐装盘，放上洗净的香菜即可。

煎豆腐皮卷

❄ 冷藏保存 3~4 天

材料 🌿

豆腐皮 ……… 150 克
白芝麻 ……… 10 克
香菜 ……… 适量

调料 🌿

孜然粉 ……… 1 小匙
辣椒粉 ……… 1 小匙
减糖甜面酱 …… 1 大匙
橄榄油 ……… 1 小匙

做法 🍴

① 洗净的一大张豆腐皮切成数张长为 12 厘米，宽为 4 厘米的小豆腐皮。

② 将豆腐皮分别卷起，用牙签固定好，待用。

③ 平底锅中注入适量橄榄油烧热，放入豆腐皮卷，用小火煎约 3 分钟至豆腐皮卷呈金黄色。

④ 给豆腐皮卷刷上少许减糖甜面酱，撒上适量辣椒粉，加上适量孜然粉，续煎 1 分钟至入味。

⑤ 取一个小碗，倒入剩余减糖甜面酱、辣椒粉和孜然粉，撒上白芝麻，制成酱料。

⑥ 关火后盛出煎好的豆腐皮卷，蘸上酱料，点缀上香菜即可。

减糖诀窍

ⓐ 豆腐皮的含糖量比豆腐高，食用时需注意控制好量。用油煎的方式烹制豆腐皮，可以充分获得饱足感，有助于控制食用量。

ⓑ 这道减糖美味适合作为便当菜或下午茶零食，可放入冰箱中冷藏保存，食用前用微波炉加热 2 分钟即可。

1/4 份

含糖量 **7.5** 克

蛋白质 **17.2** 克

热　量 **774** 千焦

（185 千卡）

扫一扫二维码
观看做菜视频

瘦肉蟹味菇煮豆浆

❄ 冷藏保存 1~2 天

1/2 份	
含糖量	**2.5** 克
蛋白质	**9.7** 克
热 量	**553** 千焦
	（132 千卡）

 **材料** 🌿

瘦肉……………80 克
蟹味菇…………25 克
胡萝卜…………40 克
大葱……………15 克
罗勒叶……………5 克
豆浆……………80 毫升

调料 🌿

盐………………2 克
胡椒粉………1/2 小匙
橄榄油…………1 小匙

做法 ✕

① 洗净的大葱切块；洗净的胡萝卜切成小块。

② 洗净的瘦肉切小块，装入碗中，放入盐、胡椒粉，拌匀，腌制 5 分钟至入味。

③ 锅中倒入适量橄榄油，放入腌好的瘦肉，翻炒片刻至转色；倒入大葱块，炒出香味。

④ 注入约 300 毫升清水，放入胡萝卜块，加入洗净的蟹味菇，煮约 3 分钟至食材熟透。

⑤ 倒入拌匀的豆浆，搅匀，煮约 1 分钟至入味，盛出装碗，放上罗勒叶即可。

1/2 份	
含糖量 **1.3** 克	
蛋白质 **6.8** 克	
热　量 **741** 千焦	
（177 千卡）	

咸蛋黄烧豆腐

❄ 冷藏保存 2~3 天

 **材料** 🌿

嫩豆腐 ·········· 150 克
熟咸蛋黄 ·········· 2 个
葱花 ·············· 15 克

调料 🌿

盐 ···············少许
鸡汤 ············· 1/2 杯
橄榄油 ·········· 1 小匙

做法 🍴

① 将洗净的豆腐切小块；熟咸蛋黄压扁，再切碎，待用。

② 热锅注油烧热，倒入咸蛋黄，炒散。

③ 倒入鸡汤，放入豆腐，炒匀，大火煮 6 分钟至入味。

④ 加入盐，拌匀调味。

⑤ 将菜肴盛出装入碗中，撒上备好的葱花即可食用。

梅干纳豆汤

材料 🌿

纳豆·············40 克
豌豆苗···········20 克
盐渍梅干··········1 颗

调料 🌿

酱油·············1 小匙

做法 🍴

① 将豌豆苗放入沸水中焯煮至断生，捞出。

② 备好一个杯子，放入焯好的豌豆苗。

③ 加入纳豆、盐渍梅干，注入适量开水至八分满。

④ 淋入少许酱油，食用时拌匀即可。

减糖诀窍

ⓐ 纳豆不仅低糖、高蛋白，而且含有丰富的膳食纤维和矿物质，其中的纳豆菌在肠道内大约能保持一周左右，可以保护肠胃健康，防止便秘，纳豆激酶可提高体内脂肪的代谢率，对减肥有一定的辅助作用。

ⓑ 这道减糖美食最好晚餐食用，降脂减肥的效果更好。

1份

含糖量 **2.4** 克

蛋白质 **8.0** 克

热　量 **352** 千焦

（84 千卡）

4
PART

沙拉和腌菜，
提前做好随时享美味

在进行减糖饮食期间，一定要保证摄入足够的维生素和矿物质，因此除了肉类、鱼类、海鲜、豆制品之外，你的食谱中还需要一些蔬菜类的沙拉和腌菜，本章就将为你介绍。

法式酱汁蔬菜沙拉

 冷藏保存 3~4 天

材料 🌿

番茄···········120 克
黄瓜···········130 克
生菜···········100 克

调料 🌿

柠檬汁 ·········1 大匙
白醋···········1 小匙
椰子油 ·········1 小匙

做法 ✖

1) 洗净的黄瓜对半切开，再切片；洗好的番茄对半切开，去蒂，切成丁；洗净的生菜切成片，待用。

2) 取一个大碗，放入切好的生菜、番茄、黄瓜，混合装入盘中。

3) 取小碗，倒入椰子油、柠檬汁、白醋，搅拌均匀成沙拉汁。

4) 将沙拉汁装入一个方便倒取的器皿中，食用前淋在蔬菜上即可。

减糖诀窍

a 这道沙拉非常简单易做，平时可以准备两到三天的分量，将拌匀的蔬菜和沙拉汁分开冷藏保存，食用前再将沙拉汁淋在蔬菜上即可。

b 椰子油被称为世界上最健康的食用油，含糖量为零，而且含有中链脂肪酸，不需要脂肪酶分解，是最容易燃烧的脂肪，不会增加身体的代谢负荷，因此对瘦身减肥很有帮助。

c 除了番茄、黄瓜、生菜，还可以换成任何非根茎类的当季蔬菜。

1/4 份

含糖量 **1.9**克

蛋白质 **1.0**克

热　量 **109**千焦
（26 千卡）

1/3 份

含糖量 **4.8** 克

蛋白质 **9.8** 克

热　量 **532** 千焦

（127 千卡）

鲜虾牛油果沙拉

❄ 冷藏保存 3~4 天

材料 🌿

鲜虾仁 ·············· 70 克

牛油果 ·············· 1 个

洋葱 ················· 50 克

蒜末 ·············· 2 小匙

调料 🌿

盐 ···················· 2 克

胡椒粉 ·············· 1 小匙

柠檬汁 ·············· 1.5 小匙

椰子油 ·············· 1 小匙

朗姆酒 ·············· 1 小匙

沙拉酱 ·············· 2 大匙

做法 🍴

① 洗净的洋葱切片；洗净的牛油果对半切开，去核，切成块，待用。

② 平底锅中倒入椰子油烧热，放入蒜末，爆香。

③ 倒入处理干净的鲜虾仁，翻炒半分钟至转色，加入盐、胡椒粉，炒匀调味，盛出。

④ 牛油果中倒入柠檬汁，搅拌均匀；炒好的虾仁中放入朗姆酒，拌匀。

⑤ 取大碗，放入拌好的牛油果、虾仁，加入洋葱片，倒入沙拉酱，拌匀装盘即可。

1/4 份

含糖量 **2.7** 克

蛋白质 **2.4** 克

热 量 **285** 千焦

（68 千卡）

苦瓜豆腐沙拉

❄ 冷藏保存 3~4 天

材料 🌿

苦瓜·············100 克

嫩豆腐·········100 克

洋葱·············60 克

番茄·············60 克

姜末、蒜末····各少许

调料 🌿

盐·················3 克

酱油、醋···· 各 1 小匙

椰子油·········1/2 小匙

海苔·············1 小片

白芝麻·········1 小匙

黑胡椒粉·········1 小匙

做法 🍴

① 豆腐切丁；白洋葱切丝；苦瓜去籽，斜刀切片；番茄切丁；海苔剪成条。

② 锅中注入适量的清水大火烧开，放入苦瓜，焯煮至断生，捞出，沥干水分。

③ 碗中淋入适量椰子油，加入酱油、醋、白芝麻，放入姜末、蒜末、黑胡椒粉，搅拌匀，制成味汁。

④ 备一个大碗，放入苦瓜，淋入椰子油，放入盐，搅拌匀，倒入豆腐丁、番茄丁、白洋葱丝，充分拌匀后装入盘中，浇上味汁，撒上海苔条即可。

油醋汁素食沙拉

❄ 冷藏保存 2~3 天

材料 🌿

生菜·············40 克
圣女果··········50 克
蓝莓·············10 克
杏仁·············20 克

调料 🌿

红葡萄酒醋·····2 小匙
橄榄油··········1 小匙

做法 ✕

1) 洗净的圣女果对半切开；洗好的生菜切成小段。

2) 取沙拉碗，放入生菜、杏仁、蓝莓，加入橄榄油、红葡萄酒醋，搅拌均匀。

3) 取一个盘，用切好的圣女果围边。

4) 在盘子中间倒入拌好的食材即可。

减糖诀窍

(a) 如果经常在家制作减糖沙拉，可以备一些红葡萄酒醋，只需要加上一些橄榄油，就成了别具风味的沙拉汁，适合制作蔬菜、水果、肉类、坚果等沙拉。红葡萄酒醋还可以为身体补充铁质，促进气血循环，有助于脂肪的代谢。

(b) 蓝莓的含糖量不高，而且富含花青素，是一种强效抗氧化物质，可以帮助身体代谢肉类产生的毒素，是减糖饮食期间可以选用的水果，但需要注意食用量。

1/4 份

含糖量 **5.7** 克

蛋白质 **1.5** 克

热　量 **322** 千焦

（77 千卡）

金枪鱼芦笋沙拉

❄ 冷藏保存 3~4 天

材料 🌱

罐装金枪鱼 ···· 100 克
鸡蛋················ 2 个
芦笋············· 80 克
黑橄榄 ········· 20 克
生菜············· 100 克
土豆仔 ········· 4 个

调料 🌱

橄榄油 ········· 2 小匙
黑胡椒碎 ······ 1/2 小匙
白兰地 ········· 1 小匙
柠檬汁 ········· 1 小匙

做法 🍴

1) 鸡蛋煮熟，放凉之后剥壳，对半切开。

2) 锅中倒入适量清水烧开，放入芦笋，汆烫至熟，捞出沥干。

3) 将土豆仔清洗干净，带皮煮 15 分钟至熟，捞出。

4) 将罐装金枪鱼沥干水分，用手撕成细丝；黑橄榄、生菜切成片。

5) 将所有的食材放入沙拉碗中，加入柠檬汁、白兰地、橄榄油拌匀。

6) 将拌好的食材装盘，撒上少许黑胡椒碎即可。

减糖诀窍

a 罐装金枪鱼是低糖、高蛋白食材，而且方便百搭，在减糖饮食期间可常备，加些蔬菜、水煮蛋，就能马上做出一款美味沙拉。

b 土豆的糖分含量较高，在减糖饮食期间只建议少量使用，可以选择小土豆，有助于控制食用量，增加饱腹感。

1/4 份

含糖量 **1.9** 克

蛋白质 **8.8** 克

热　量 **419** 千焦
（100 千卡）

1/2 份

含糖量 **5** 克

蛋白质 **4.3** 克

热　量 **247** 千焦

（59 千卡）

芝麻蒜香腌黄瓜

❄ 冷藏保存 1 周

 材料 🌿

黄瓜·················1 根

大蒜·················2 瓣

白芝麻··············适量

泡椒·················5 个

调料 🌿

酱油··············2 大匙

白醋··············1 大匙

罗汉果代糖······1 大匙

盐·················适量

做法 🍴

1) 黄瓜切薄片；大蒜切薄片；泡椒切成两段。

2) 在切好的黄瓜上撒 2 小匙盐，翻拌均匀，腌制约 2 小时，溢出黄瓜自身的水分。

3) 取一个稍大的容器，倒入酱油、白醋、2 杯水，放入泡椒、罗汉果代糖，搅拌均匀。

4) 将腌好的黄瓜挤干水分，放入调好的汁中，包上保鲜膜，放入冰箱冷藏。

5) 腌制 5~6 小时后即可将黄瓜捞出食用，食用前撒上白芝麻即可。

香草水嫩番茄

1/4 份

含糖量 **4.8** 克

蛋白质 **3.2** 克

热 量 **155** 千焦

（37 千卡）

材料

番茄…………500 克

欧芹…………1 小把

香菜…………1 小把

大蒜…………2 瓣

调料

白醋…………1 大匙

罗汉果代糖……1 大匙

白酒…………1 小匙

盐…………适量

做法

1）番茄切成瓣；大蒜切薄片；欧芹、香菜切碎。

2）取一个稍大的容器，倒入白醋、白酒、2 杯水，加入盐、罗汉果代糖，搅拌均匀。

3）将番茄、欧芹碎、香菜碎放入调好的汁中，包上保鲜膜，放入冰箱冷藏。

4）腌制 5~6 小时后即可将番茄捞出食用。

潮式腌虾

材料

濑尿虾·········200 克
红辣椒·········15 克
姜末·············少许
蒜末·············少许
葱花·············少许
香菜·············少许

调料

盐·················2 克
白酒·············1 小匙
酱油·············1 小匙
罗汉果代糖··1/2 小匙
醋·················1 小匙
红油·············1 小匙

做法 ✗

1) 将处理好的濑尿虾放入碗中，加入切成圈的红辣椒、姜末、蒜末、葱花。

2) 加入香菜，放入盐、白酒、酱油、罗汉果代糖，淋入醋、红油，搅拌片刻。

3) 封上保鲜膜，静置腌制 3 个小时至入味。

4) 待时间到，去除保鲜膜。

5) 将腌制好的虾转入盘中，摆好盘即可。

减糖诀窍

a 这道菜非常适合减糖饮食，可准备大一些的密封容器，将虾与调料拌匀，盖上盖放入冰箱冷藏即可，便于每天随时取用。

b 除了濑尿虾，也可以选择新鲜的河虾制作这道菜品。

1/4 份

含糖量 **1.4** 克

蛋白质 **9.3** 克

热 量 **243** 千焦

（58 千卡）

肉末青茄子

材料

青茄子·········280 克
牛绞肉·········80 克
秋葵···········2 个
大蒜···········1 瓣
香叶···········1 片

调料

红葡萄酒·······1/4 杯
盐·············少许
橄榄油·········2 小匙
辣椒粉·········2 小匙
高汤···········少许

做法 🍴

① 青茄子洗净,切成 2 厘米的块;秋葵切成小块;大蒜切成末。

② 将秋葵放入榨汁机中,加入少许高汤,搅打成秋葵酱。

③ 平底锅中倒入橄榄油烧热,放入蒜末、香叶、牛绞肉,炒香。

④ 放入青茄子块,翻炒片刻,再倒入红葡萄酒熬煮。

⑤ 加入辣椒粉,倒入秋葵酱,继续熬煮片刻,加盐调味即可。

⑥ 将煮好的食材放入密封容器中,晾凉后放入冰箱冷藏 1 天后取出食用。

减糖诀窍

ⓐ 茄子很适合制作腌菜,待其充分吸收了绞肉的油脂和调味料,会更加好吃,取出后可直接当做凉菜。

ⓑ 秋葵酱可以增加这道菜的黏稠度,令茄子的口感更爽滑。如果嫌麻烦,也可以直接将秋葵切成薄片,最后放入锅中,翻炒片刻。

1/4 份

含糖量 **2.1** 克

蛋白质 **4.9** 克

热　量 **251** 千焦

（60 千卡）

自制减糖酱料

在减糖饮食期间，建议提前做好一些常用的酱料放在冰箱里备用，只需要将新鲜蔬菜或者煮熟的肉类、蛋类等混合在一起，淋上喜欢的酱料就可以享用。制作减糖酱料常用的原料如下：

沙拉酱

用油、蛋黄、糖制作而成，可以直接当做蔬果类沙拉的酱料，也可以作为调制其他酱料的基础材料。

橄榄油

因营养价值高、有利于健康而受到人们的喜爱，并且具有独特的清香味道，能增加食材的风味，是最适合调配沙拉酱汁的油类。

香油

中式沙拉中不可缺少的调和油，香气浓郁，可赋予食材生动的味道，加入食醋、蒜调成的酱汁适宜搭配各种蔬菜，加入芝麻酱、辣椒调成的酱汁适宜搭配豆制品。

醋

为沙拉增加酸味的必备调料，能中和肉类的油腻感。米醋为大米酿造而成，除了酸味，还有一定的醇香味道，白醋则是单纯的酸味，可在白醋中加入橄榄油调制成低脂健康的油醋酱。

酸奶

蔬果是美容瘦身的最佳选择，直接淋上酸奶就是一道美味。此外，酸奶具有独特的奶香味和酸味，因此也适合自由搭配橄榄油、柠檬汁、蒜蓉等，调制成不同风味的酱汁。

芝麻酱

很受大众喜爱的酱料，一般需加水稀释，搭配酱油、辣椒等味道极佳，可随意搭配肉类、豆制品、蔬菜等各式沙拉。

酱油

属于酿造类调味品，具有独特的酱香，能为食材增加咸味，并增强食材的鲜美度。拌食多选择酱油，其颜色较淡，但味道较咸。老抽则多用于炖煮上色。

辣椒粉

相对于有可能添加了糖分的市售辣椒酱，辣椒粉更适合用于制作减糖饮食。辣椒还具有促进新陈代谢的作用，可加速脂肪在体内的代谢。不同品种的辣椒粉辣度不一样，在用量上需要根据自己的喜好来把握。

柠檬汁

可代替醋来为酱料增加酸味，并具有独特的香气，能使食材的口感更清新，具有缓解油腻的作用。此外，新鲜的柠檬汁还能为身体补充维生素C。

黑胡椒

可增加辛辣感，令酱料的口感层次更突出，又不会夺味，还能为肉类食材去腥、增鲜。现磨的黑胡椒粒味道比黑胡椒粉更加浓郁，可依菜品的具体需要进行选择。

葱、姜、蒜

中式口味的罐沙拉最常用的调味料，有去腥、提味的作用，兼具杀菌、防腐的作用，尤其适合搭配肉类食材。

浓醇芝麻酱

冷藏保存 1~2 周

材料 🌿

纯芝麻酱、高汤各 4 大匙，酱油 1 大匙，香油 2 小匙

做法 🍴

在纯芝麻酱中加入高汤，充分调开稀释，再加入酱油、香油，搅拌均匀即可。

1 大匙
含糖量 0.5 克
蛋白质 1.5 克
热　量 209 千焦
（50 千卡）

1 大匙
含糖量 0.2 克
蛋白质 0 克
热　量 481 千焦
（115 千卡）

自制沙拉酱

冷藏保存 3~4 天

材料 🌿

鸡蛋 1 个，盐、胡椒粉少许，食用油 3 大匙，苹果醋 2 小匙，芥末酱 1 小匙

做法 🍴

将鸡蛋黄磕入碗中，搅打成糊，倒入苹果醋、芥末酱搅拌均匀，再加入食用油、盐、胡椒粉，搅匀即可。

酸甜油醋酱

冷藏保存 1~2 周

材料 🌿

酱油、橄榄油各 1 大匙，罗汉果代糖 2 小匙，醋 2 大匙，香油少许

做法 🍴

将所有材料放入碗中，搅拌均匀即可。

1 大匙
含糖量 22 克
蛋白质 0.3 克
热　量 130 千焦
（31 千卡）

1 大匙
含糖量 0.8 克
蛋白质 0.1 克
热 量 75 千焦
（18 千卡）

风味葱酱

冷藏保存 1~2 周

材料

葱碎 4 大匙，蒜泥 1/2 小匙，高汤 1/2 杯，盐 1/4 小匙，黑胡椒少许，罗汉果代糖 2 小匙，香油 2 大匙

做法

将葱碎和香油倒入碗中，放入微波炉加热 40 秒，取出后，将剩下所有材料倒入搅拌均匀即可。

柠檬油醋汁

冷藏保存 1~2 周

材料

柠檬汁 1 大匙，大蒜 1/2 瓣，盐、胡椒粉少许，橄榄油 40 毫升

做法

将大蒜捣碎成蒜泥，加入柠檬汁、橄榄油拌匀，再加盐、胡椒粉拌匀。

1 大匙
含糖量 0.5 克
蛋白质 0.1 克
热 量 339 千焦
（81 千卡）

1 大匙
含糖量 1.9 克
蛋白质 0.5 克
热 量 63 千焦
（15 千卡）

无糖烤肉酱

冷藏保存 1~2 周

材料

葱碎 1 大匙，蒜泥、生姜泥各 1/2 小匙，酱油、高汤各 1/4 杯，香油 1 大匙

做法

将葱碎和香油倒入碗中，放入微波炉加热 30 秒，倒入剩下所有材料拌匀即可。

意式蒜味海鲜酱

冷藏保存 1 周

材料

海鲜酱 20 克，大蒜 30 克，橄榄油 1/4 杯

做法

锅中注入适量清水烧热，放入大蒜，煮熟后捞出，沥干水分。再将煮熟的大蒜用刀背压碎，放入碗中，加入海鲜酱、橄榄油拌匀即可。

1 大匙
含糖量 0.8 克
蛋白质 0.6 克
热　量 285 千焦
（68 千卡）

1 大匙
含糖量 0.5 克
蛋白质 1.4 克
热　量 289 千焦
（69 千卡）

多味奶酪酱

冷藏保存 1~2 周

材料

奶油奶酪 120 克，盐少许，黑胡椒碎 1 小匙，辣椒粉 1 小匙

做法

将奶酪用微波炉加热 30 秒，加入少许水调匀稀释，再加入盐、黑胡椒碎、辣椒粉，充分拌匀即可。

罗 勒 酱

冷藏保存 1~2 周

材料

罗勒叶 30 克，大蒜 1/2 瓣，盐少许，芝士粉 2 小匙，橄榄油 40 毫升

做法

将大蒜、罗勒叶、1 小匙橄榄油一起捣成糊状，加入剩下的橄榄油、盐、芝士粉拌匀。

1 大匙
含糖量 0.2 克
蛋白质 0.5 克
热　量 285 千焦
（68 千卡）

1 大匙
含糖量 0.2 克
蛋白质 0.3 克
热 量 260 千焦
（62 千卡）

香菜酱

冷藏保存 1~2 周

材料

香菜 1 小把，柠檬汁 1 小匙，盐少许，辣椒粉 2 小匙，橄榄油 1/4 杯

做法

香菜切碎，放入料理机中，加入其余的材料，一起搅打成酱状。

蒜香番茄酱

冷藏保存 1 周

材料

培根 4 片，大蒜 2 瓣，番茄 2 个香叶 1 片，盐少许，橄榄油 2 大匙

做法

培根、大蒜、番茄切碎，加入橄榄油略炒，再加水、香叶熬煮成酱状，取出香叶，加盐调味即可。

1 大匙
含糖量 0.5 克
蛋白质 0.3 克
热 量 46 千焦
（11 千卡）

1 大匙
含糖量 0.2 克
蛋白质 0.1 克
热 量 306 千焦
（73 千卡）

香草奶油酱

冷藏保存 2 周

材料

奶油 100 克，盐少许，欧芹 1 小把，大蒜 1 瓣，柠檬汁 2 小匙

做法

欧芹切碎，蒜捣成泥；在奶油中加入欧芹、蒜泥、盐、柠檬汁，一起搅拌均匀即可。

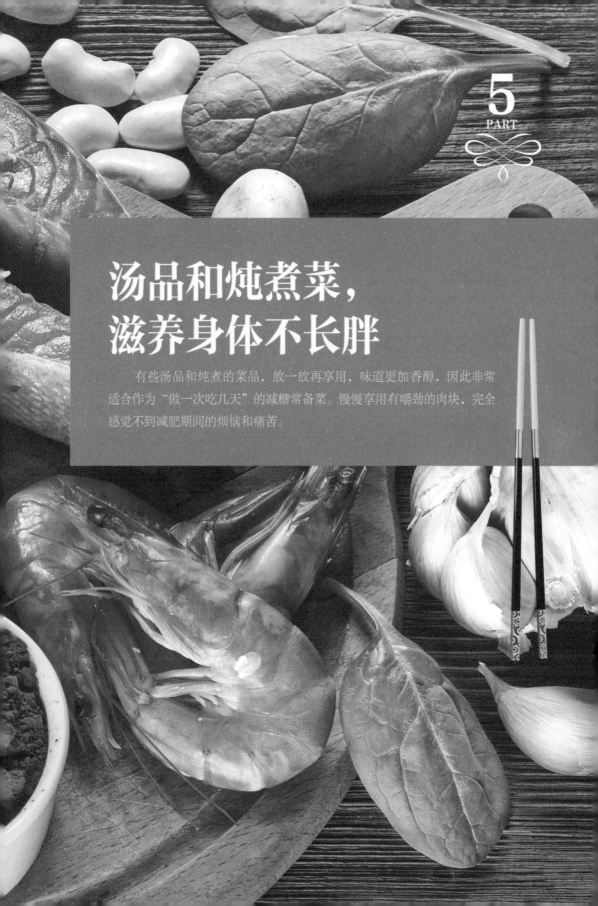

汤品和炖煮菜，
滋养身体不长胖

有些汤品和炖煮的菜品，放一放再享用，味道更加香醇，因此非常适合作为"做一次吃几天"的减糖常备菜。慢慢享用有嚼劲的肉块，完全感觉不到减肥期间的烦恼和痛苦。

红酒炖牛肉

材料 🌿

牛腱肉 ·········· 600 克
洋葱 ············ 1/8 个
滑子菇 ·········· 30 克
大蒜 ············ 1 瓣
番茄 ············ 1/2 个

调料 🌿

红酒 ············· 3 杯
盐、胡椒粉 ···· 各适量
橄榄油 ·········· 1 大匙
高汤 ············· 2 杯
香叶 ············· 1 片
盐 ··············· 少许
香菜叶 ·········· 少许

做法 🍴

① 牛腱肉切成块，放入碗中，撒上少许盐、胡椒粉，拌匀，腌制片刻。

② 洋葱、大蒜分别切碎；滑子菇、番茄分别放入榨汁机，搅打成滑菇糊、番茄糊。

③ 平底锅中倒入橄榄油烧热，放入牛肉炒至变色，盛出；再放入洋葱、大蒜炒香。

④ 将牛肉放回锅中，倒入红酒煮至沸腾后，加入高汤、番茄糊、香叶，以小火熬煮约 2 小时。

⑤ 加入滑菇糊，搅拌至汤汁浓稠，加少许盐调味，最后撒上香菜叶即可。

减糖诀窍

ⓐ 加入滑菇糊可以增加汤汁的浓稠感，而且不会增加这道菜的含糖量。

ⓑ 自制的番茄糊不含淀粉、糖等成分，含糖量非常低。

ⓒ 制作这道菜宜选用黑胡椒，最好用现磨的黑胡椒碎，熬煮出的牛肉味道会更香。

1/6 份

含糖量 **3.1** 克

蛋白质 **15.0** 克

热　量 **1946** 千焦
（465 千卡）

腊肠魔芋丝炖鸡

❄ 冷藏保存 4~5 天

1/4 份
含糖量 **2.3** 克
蛋白质 **15.7** 克
热　量 **854** 千焦
（204 千卡）

材料 🌱

鸡中翅	200 克
魔芋丝	170 克
腊肠	60 克
芹菜	30 克
干辣椒	10 克
八角、花椒、姜片、	
葱白	各少许

调料 🌱

盐、橄榄油	各适量
生抽	2 小匙
白酒	1 小匙
白胡椒粉	1/2 小匙

做法 🍴

① 摘洗好的芹菜切成小段；洗好的腊肠切成片；处理好的鸡中翅对半切开。

② 鸡中翅装入碗中，放入适量盐、生抽、白酒，加入白胡椒粉，拌匀，腌制10分钟。

③ 热锅注入适量的清水烧开，倒入魔芋丝，氽煮片刻，捞出，沥干水分。

④ 热锅注油烧热，倒入葱白、姜片、八角、青花椒，爆香。

⑤ 倒入鸡中翅、干辣椒、腊肠，淋入白酒、生抽，注入少许清水，再倒入魔芋丝，加盐后炒匀，盖上锅盖，小火焖10分钟，放入芹菜翻炒片刻，盛出装碗即可。

扫一扫二维码
观看做菜视频

清炖羊脊骨

❄ 冷藏保存 2~3 天

1/3 份

含糖量 0.1 克

蛋白质 19.3 克

热　量 967 千焦
（231 千卡）

 **材料**

羊脊骨	340 克
大蒜	2 瓣
小茴香	10 克
花椒粒	10 克
姜片	适量
香菜	适量
小葱	适量

调料

盐	3 克
鸡粉	2 克
胡椒粉	1/2 小匙

做法 🍴

① 锅中注入适量的清水烧开，倒入剁好的羊脊骨，汆煮去除血水，捞出，沥干水分。

② 砂锅中注入适量清水烧热，放入羊脊骨，加入花椒粒、姜片、小茴香。

③ 再放入大蒜、小葱，盖上锅盖，大火煮开后转小火炖 1 小时。

④ 掀开锅盖，放入盐、胡椒粉，搅拌片刻，使食材入味。

⑤ 关火后将炖好的汤盛出装入碗中，放上香菜即可。

番茄泡菜海鲜锅

❄ 冷藏保存 3~4 天

材料 🌿

老豆腐 ·········· 120 克
番茄 ············ 100 克
鱿鱼 ············· 60 克
虾 ················· 80 克
金针菇 ··········· 50 克
韩式辣白菜 ····· 35 克
瑶柱 ·············· 10 克

调料 🌿

盐 ················· 3 克
橄榄油 ·········· 1 小匙
高汤 ·············· 适量

做法 🍴

1) 豆腐切成块；辣白菜切片；洗净的番茄去蒂，切成块。

2) 鲜虾去须，洗净，放入沸水锅中，煮至虾色转红，捞出沥干水分。

3) 鱿鱼洗净，把里面脏东西取出，切成圈，下入沸水中焯煮 3 分钟后捞出沥干。

4) 锅里倒入少许橄榄油，放入辣白菜，再倒入高汤，大火煮开。

5) 放入番茄、鱿鱼、虾、瑶柱，中火煮 10 分钟。

6) 再加入老豆腐、金针菇，放入盐，拌匀，煮至滚沸即可。

减糖诀窍

ⓐ 这道菜汤鲜味美，尤其适合在寒冷的冬季食用，但是注意不要喝太多汤，以免摄入过多的糖分。

ⓑ 金针菇中含有大量的膳食纤维，和海鲜搭配食用，不仅营养均衡，还能够帮助身体排出多余的毒素。

1/4 份

含糖量 **2.4** 克

蛋白质 **11.2** 克

热　量 **569** 千焦

（136 千卡）

法式虾仁浓汤

1/4 份

含糖量 **4.3** 克

蛋白质 **25.0** 克

热　量 **1097** 千焦
（262 千卡）

材料

虾仁…………400 克
洋葱…………1/2 个
大蒜…………1 瓣
番茄…………1/4 个
开心果………少许

调料

盐、辣椒粉…各少许
香叶……………1 片
鸡汤……………3 杯
白葡萄酒………1 大匙
鲜奶油…………1/2 杯
橄榄油…………2 大匙

做法 ✗

1) 虾仁去除虾线；洋葱、大蒜切成薄片；开心果压碎。

2) 将番茄放入榨汁机中，倒入鸡汤，搅打成稀糊。

3) 平底锅中倒入橄榄油烧热，放入虾仁，炒香后转小火，下入洋葱、大蒜一起翻炒。

4) 将炒好的食材倒入搅拌机中搅碎，再倒回锅中，加入白葡萄酒，煮沸后倒入番茄鸡汤糊、香叶、鲜奶油，搅拌均匀，煮至浓稠；加入盐、辣椒粉调味，再撒上开心果碎即可。

淡菜竹笋筒骨汤

❄ 冷藏保存 2~3 天

材料 🌿

竹笋··············100 克
筒骨··············120 克
水发淡菜干······50 克

调料 🌿

盐·····················2 克
胡椒粉········1/2 小匙

做法 🍴

① 洗净的竹笋切去底部，横向对半切开，再切成小段。

② 沸水锅中放入洗净的筒骨，氽烫约 2 分钟至去除腥味和脏污，捞出，沥干水分。

③ 砂锅注水烧热，放入氽烫好的筒骨，倒入泡好的淡菜，放入切好的竹笋，搅匀。

④ 加盖，用大火煮开后转小火续煮 2 小时。

⑤ 揭盖，加入盐、胡椒粉，搅匀调味，盛出装碗即可。

黄豆鸡肉杂蔬汤

 ❄ 冷藏保存 2~3 天

材料 🌿

鸡肉⋯⋯⋯⋯⋯50 克
水煮黄豆⋯⋯⋯50 克
包菜⋯⋯⋯⋯⋯60 克
香菇⋯⋯⋯⋯⋯15 克
番茄⋯⋯⋯⋯⋯1 个
大葱⋯⋯⋯⋯⋯20 克
去皮胡萝卜⋯⋯10 克
罗勒叶⋯⋯⋯⋯少许

调料 🌿

盐⋯⋯⋯⋯⋯⋯3 克
胡椒粉⋯⋯⋯⋯1 小匙
奶酪粉⋯⋯⋯⋯1/2 小匙

做法 🍴

① 番茄切块，放入榨汁机中搅打成糊。

② 包菜切块；胡萝卜切圆片；大葱切圆丁；香菇去蒂，切十字刀成四块；鸡肉切小块。

③ 将切好的鸡肉装碗，加入 1 克盐、1/2 小匙胡椒粉，拌匀，腌制 5 分钟。

④ 锅中注入适量清水烧开，倒入水煮黄豆，再倒入腌好的鸡肉块，放入切好的胡萝卜片、大葱丁，搅匀，煮约 5 分钟至食材熟软。

⑤ 倒入切好的香菇块，放入切好的包菜，倒入番茄糊，搅拌均匀，稍煮片刻。

⑥ 加入 2 克盐、1/2 小匙胡椒粉调味，关火后盛出，撒上奶酪粉、罗勒叶即可。

减糖诀窍

a 这道汤品既有动物蛋白、植物蛋白，又有多种蔬菜、菌菇提供的膳食纤维、维生素、矿物质，还有少量奶制品提供蛋白质、钙、磷等营养成分，能为身体提供所需的大部分营养。

b 在各种蔬菜中，胡萝卜的含糖量偏高，但能提供对身体有益的 β－胡萝卜素，可少量食用。

1/2 份

含糖量 **8.1** 克

蛋白质 **12.4** 克

热　量 **603** 千焦

（144 千卡）

茄汁菌菇蟹汤

❄ 冷藏保存 2~3 天

1/2 份	
含糖量 **5.4** 克	
蛋白质 **30.4** 克	
热　量 **1134** 千焦	
（271 千卡）	

材料

花蟹⋯⋯⋯⋯200 克
番茄⋯⋯⋯⋯80 克
口蘑⋯⋯⋯⋯40 克
杏鲍菇⋯⋯⋯50 克
奶酪片⋯⋯⋯1 片
娃娃菜⋯⋯⋯200 克
葱段、姜片⋯各适量

调料

盐⋯⋯⋯⋯⋯2 克
鸡粉⋯⋯⋯⋯2 克
胡椒粉⋯⋯⋯1/2 小匙
食用油⋯⋯⋯适量

做法 ✗

① 花蟹处理干净，剁成大块；洗净的口蘑切成片；杏鲍菇切成片；娃娃菜对切开，再切粗条；番茄切成丁。

② 锅中注入适量清水烧开，倒入口蘑、杏鲍菇，焯水片刻，捞出，沥干水分。

③ 热锅注油烧热，倒入葱段、姜片，爆香，放入花蟹，翻炒至转色，加入番茄，翻炒片刻。

④ 在锅内注入适量清水，搅拌，煮至沸，倒入焯过水的食材，略煮片刻，撇去浮沫；加入娃娃菜、奶酪片，煮至奶酪片溶化，放入盐、鸡粉、胡椒粉调味即可。

1/4 份	
含糖量 **2.5** 克	
蛋白质 **34.1** 克	
热　量 **632** 千焦	
（151 千卡）	

辣味牛筋

❄ 冷藏保存 4~5 天

材料 🌿

辣味卤水‥ 1200 毫升

牛蹄筋 ·········· 400 克

调料 🌿

盐 ················ 3 克

做法 🍴

1) 锅中注入适量的清水大火烧开。

2) 倒入洗净的牛蹄筋，搅拌，去除杂质，将牛蹄筋捞出，沥干水分，待用。

3) 锅中倒入辣味卤水大火煮开，倒入牛蹄筋，注入适量清水，加入盐，拌匀。

4) 盖上锅盖，大火煮沸后转小火焖 2 小时。

5) 揭开锅盖，将牛蹄筋捞出。

6) 将牛蹄筋摆在砧板上，切成小块，将切好的牛蹄筋装入盘中，浇上锅内汤汁即可。

白菜炖狮子头

❄ 冷藏保存 3~4 天

材料 🌿

白菜··············170 克
猪绞肉·········130 克
鸡汤··········350 毫升
姜末··············少许
蒜末··············少许

调料 🌿

盐··················2 克
胡椒粉········1/2 小匙
五香粉········1/2 小匙

做法 🍴

① 将洗净的白菜切去根部，再切开，用手瓣散成片状。

② 将猪绞肉放入碗中，加入姜末、蒜末、盐、少许胡椒粉、五香粉，沿着一个方向不停搅拌至肉上劲，将拌好的肉泥捏成一个个的丸子。

③ 砂锅中注入适量清水烧热，倒入鸡汤，放入捏好的肉丸，盖上盖，大火烧开后用小火煮 20 分钟。

④ 揭开盖，放入白菜，搅匀，继续煮至白菜变软。

⑤ 加入盐、胡椒粉，再煮几分钟至食材入味即可。

减糖诀窍

ⓐ 由于没有在肉馅中添加淀粉，所以黏度不够，沿着一个方向不停地搅拌，可以使肉馅上劲，增加黏度，更容易捏成丸子。

ⓑ 白菜是最适合炖汤的蔬菜之一，并且富含膳食纤维，肉丸也是适合减糖饮食的方便菜品。

1/4 份

含糖量 0.8 克

蛋白质 8.4 克

热　量 318 千焦
（76 千卡）

姜丝煮秋刀鱼

材料 🌿

秋刀鱼 ············· 4 条
生姜 ············· 20 克

调料 🌿

酱油 ············· 3 大匙
柠檬汁 ············· 1 小匙
罗汉果代糖 ····· 4 大匙

做法 🍴

1) 秋刀鱼洗净，去除头部和内脏，切成两段，沥干水分。

2) 生姜洗净，连皮一起切成丝。

3) 锅中倒入 2 杯清水，加入生姜丝、酱油、罗汉果代糖、柠檬汁，再放入秋刀鱼。

4) 盖上锅盖，大火煮开后转小火熬煮 30 分钟即可。

减糖诀窍

a 秋刀鱼中含有大部分食材中缺乏的 Ω-3 脂肪酸，建议每天适量食用，有助于保护心血管的健康，增强大脑功能。

b 秋刀鱼的腥味较重，可以多放些生姜，柠檬汁也有助于去腥。

c 这道菜存放一两天后味道更佳，建议一次多做些，放进冰箱保存。

1/4 份

含糖量 **1.8** 克

蛋白质 **19.6** 克

热　量 **1377** 千焦

（329 千卡）

减糖甜点，
让甜蜜零负担

　　不要想当然地以为减糖饮食期间不可以吃甜食，其实只要愿意花些心思，没有什么是不可以实现的。本章就为你介绍一些用豆腐、奶油、罗汉果代糖等制作的减糖甜点。

咖啡蛋奶冻

材料

咖啡粉 ··········· 2 大匙
鲜奶油 ········· 1/2 杯
明胶粉 ··········· 8 克

调料

罗汉果代糖 ····· 4 大匙
肉桂粉 ··········· 少许
无糖椰蓉 ········· 少许

做法

1. 用滤泡的方式将咖啡粉冲泡成约 2 杯分量的咖啡。

2. 将明胶粉加入 6 大匙水中，充分溶解；鲜奶油打发到不会滴落为止。

3. 将咖啡倒入奶锅中，隔水加热使其保持温热，倒入明胶水、罗汉果代糖充分搅拌。

4. 用冰水冷却锅底，同时搅拌锅中的材料，待其黏稠度增加后，加入鲜奶油搅拌均匀。

5. 将搅拌好的材料倒入模具中，放进冰箱冷藏，凝结成果冻状后取出，撒上肉桂粉、无糖椰蓉即可。

减糖诀窍

a. 最好选用现磨的咖啡粉，用滤泡的方法冲泡。滤泡咖啡的香气浓厚，可以让这道甜品的味道和香气更加浓醇。

b. 用冰水冷却锅底时，搅拌至锅中的材料黏稠度增加后即可从冰水中拿出，不用再冷却。

c. 加了明胶和鲜奶油的奶冻，具有果冻般的弹滑口感，还可用小一些的模具，做成下午茶零食。

1/4 份

含糖量 **3.7** 克

蛋白质 **3.1** 克

热 量 **473** 千焦
（113 千卡）

1/4 份

含糖量 **6** 克

蛋白质 **3.3** 克

热　量 **1017** 千焦

（243 千卡）

减糖提拉米苏

 材料 🌿

马斯卡邦奶酪·200 克
杏仁片 ············ 15 克
可可粉 ········· 2 大匙

调料 🌿

罗汉果代糖 ····· 1 大匙
白葡萄酒 ········ 2 小匙

做法 🍴

① 杏仁片用烤箱加热 2~3 分钟；白葡萄酒用微波炉加热 30 秒。

② 在碗中放入马斯卡邦奶酪、杏仁片、罗汉果代糖、白葡萄酒，充分搅拌均匀。

③ 将搅拌好的材料分装至适合一人份的容器中，撒上一层可可粉，放入冰箱冷藏。

红茶布丁

❄ 冷藏保存 2~3 天

1/4 份

含糖量 **5.4** 克

蛋白质 **7.6** 克

热　量 **707** 千焦

（169 千卡）

 **材料**

红茶茶包……………2 包

纯牛奶……… 410 毫升

鸡蛋…………………1 个

蛋黄…………………4 个

调料

罗汉果代糖 ……1 大匙

做法

① 锅中倒入 200 毫升牛奶煮沸，放入红茶茶包，转小火略煮，取出茶包。

② 将蛋黄、鸡蛋、罗汉果代糖倒入容器中，用搅拌器搅匀，倒入剩余的牛奶，快速搅拌，用筛网将拌好的材料过筛两遍。

③ 倒入煮好的红茶牛奶，拌匀，制成红茶布丁液，将红茶布丁液倒入牛奶杯内；把牛奶杯放入烤盘，在烤盘上倒入适量清水。

④ 将烤盘放入烤箱，调为上火 170℃、下火 160℃，烤 15 分钟后取出，待布丁晾凉，放入冰箱冷藏即可。

抹茶豆腐布丁

材料 🌿

内酯豆腐········200 克
牛奶········· 150 毫升
抹茶粉·········3 小匙
鲜奶油·········1/2 杯
明胶粉···········5 克

调料 🌿

罗汉果代糖·····1 大匙

做法 ✗

1) 将明胶粉加入少量冷水中，充分溶解。

2) 牛奶用小火加至温热，倒入明胶水，搅拌片刻，关火。

3) 内酯豆腐放入搅拌机中，再加入抹茶粉，启动机器，将其搅碎；再倒入温热的牛奶，再次启动机器，搅拌成混合物。

4) 鲜奶油用电动打蛋机打发至混合物不会滴落为止。

5) 将混合物倒入打发好的鲜奶油里，继续用电动打蛋机搅拌一会儿，分装入小容器中，放入冰箱冷藏。

减糖诀窍

a 如果用淡奶油，最好提前冷藏 12 小时，这样才容易打发。打至将奶油刮起来不滴落即可，打发过头会造成水油分离。

b 明胶粉要先用冷水溶解，再加入温热的牛奶中，也可用吉利丁片代替，大约需要 1.5 片。

c 将牛奶加热至温热即可，不要煮沸。

1/4 份

含糖量 **5.9** 克

蛋白质 **6.8** 克

热　量 **4186** 千焦

（204 千卡）

1/4 份

含糖量 **8.1** 克

蛋白质 **6.8** 克

热 量 **590** 千焦
（141 千卡）

黄豆粉杏仁豆腐

❄ 冷藏保存 4~5 天

材料

甜杏仁 ………… 20 克
开心果 ………… 20 克
黄豆粉 ………… 3 小匙
牛奶 ………… 400 毫升
明胶粉 ………… 7 克

调料

罗汉果代糖 …… 1 大匙

做法 🍴

① 将明胶粉加入少量冷水中，充分溶解。

② 甜杏仁、开心果放入搅拌机中，选择"干磨"功能，将其搅打成粉末。

③ 牛奶倒入奶锅中，开火，待牛奶变得温热时加入明胶水、罗汉果代糖，搅拌片刻。

④ 加入甜杏仁开心果粉、黄豆粉，充分搅拌均匀，关火。

⑤ 将混合液体倒入容器中，放入冰箱中冷藏，待凝固后即可食用。

1/6 份		
含糖量 **6.1** 克		
蛋白质 **17.4** 克		
热 量 **703** 千焦		
(168 千卡)		

椰奶猕猴桃冰棍

❄ 冷藏保存 10 天

材料

椰奶·············· 1/2 杯

猕猴桃 ············ 1 个

鲜奶油 ············ 1 杯

明胶粉 ············ 3 克

调料

罗汉果代糖 ····· 2 大匙

做法 🍴

① 将明胶粉用 2 大匙清水充分溶解；猕猴桃去皮，切成片。

② 奶锅中倒入椰奶、罗汉果代糖，煮沸后关火，倒入明胶水，搅拌均匀；用电动打蛋器将鲜奶油打发至凝固起泡。

③ 将奶锅置于冰水中，一边冷却一边搅拌其中的材料，待其变粘稠后拿出。

④ 向奶锅中先加入 1/3 杯鲜奶油，搅拌均匀，再加入剩下的鲜奶油拌匀。

⑤ 将猕猴桃片放入冰棍模具中，再倒入搅拌好的材料，放进冰箱冷冻即可。

豆浆酸奶冰淇淋

❄ 冷藏保存 4~5 天

材料 🌱

豆浆……… 250 毫升
酸奶……… 250 毫升
蛋清……………… 4 个

调料 🌱

罗汉果代糖 ……1 大匙

做法 🍴

1) 将豆浆倒入奶锅中，开火，烧至温热时，倒入罗汉果代糖搅拌至融化，关火。

2) 用电动打蛋器将蛋清打发至凝固发泡。

3) 缓缓向发泡的蛋清中倒入豆浆，迅速搅拌均匀。

4) 倒入酸奶，搅拌均匀之后再稍稍加热一会儿。

5) 待混合物晾凉后倒入模具，放入冰箱冷冻，食用时用挖球器挖出即可。

减糖诀窍

a 制作这道甜品无需将豆浆过滤得太干净，带豆渣的豆浆做出来的冰淇淋口感更好，而且能提供身体所需的蛋白质，增加饱腹感。

b 倒入酸奶之后再次加热是为了让蛋清蛋白质稍稍变熟，以延长保质期，如果不需久存，可省略这一步。

c 酸奶可以选择偏稀的，过于浓稠的酸奶不便于制作。

1/4 份

含糖量 **4.9** 克

蛋白质 **4.1** 克

热　量 **239** 千焦

（57 千卡）

1/4 份
含糖量 **1.5** 克
蛋白质 **8.7** 克
热 量 **540** 千焦
（129 千卡）

海苔芝麻奶酪球

❆ 冷藏保存 2~3 天

材料

奶酪…………120 克
蛋清……………2 个
豆渣………………适量
海苔………………适量
白芝麻……………适量

调料

食用油……………适量

做法

① 将奶酪切碎，用手捏成小球状。

② 海苔切碎，和白芝麻一起拌匀。

③ 将奶酪球放在蛋清中滚一圈，再放入豆渣中滚一圈，最后均匀地沾上一层海苔芝麻。

④ 锅中倒入少许食用油烧热，将奶酪球放在漏勺上，下入油锅中快速炸约 30 秒后捞出，装盘后食用。